多相波动压力特性及其在钻井中的应用

孔祥伟　林元华　何　龙　沈建文　李群生　著

U0287507

科学出版社

北　京

内 容 简 介

　　本书系统介绍了钻井过程中井筒多相不稳定流动方面的知识，分别阐述了波动压力的发展历程、产生原因、传播过程、变化规律、在钻井中应用以及计算中常用的钻井设备参数。书中从获取井筒多相波动压力关键参数入手，将井筒划分为若干个网格，得到不同井深处的多相压力波速，最后求取多相波动压力，并分析钻井中节流阀动作，关井操作、起钻操作、下钻操作、泥浆泵失控/重载等钻井设备瞬动行为中，并对其引发的波动压力变化规律做了较详尽的分析。

　　波动压力的预测及控制问题应用广泛，贯穿于整个油气勘探开发过程，如控压钻井中节流阀动作问题、在固井中瞬时开泵问题、固井液的瞬变流引发的井筒波动压力计算问题、多级酸化压裂中计算压裂液压入井筒的波动压力问题、采油油嘴及环空带压的阀门泄压问题。

　　本书可用于大、中专院校师生水力学教学参考书，还可作为相关学科研究人员和现场工程师的参考用书。

图书在版编目(CIP)数据

多相波动压力特性及其在钻井中的应用 / 孔祥伟等著. — 北京：科学出版社，2016.9

ISBN 978-7-03-049867-0

Ⅰ.①多… Ⅱ.①孔… Ⅲ.①波动压力-应用-油气钻井 Ⅳ.①TE2

中国版本图书馆 CIP 数据核字（2016）第 217761 号

责任编辑：杨　岭　黄　桥／责任校对：韩雨舟
责任印制：余少力／封面设计：墨创文化

科 学 出 版 社 出版

北京东黄城根北街16号
邮政编码：100717
http://www.sciencep.com

成都锦瑞印刷有限责任公司印刷
科学出版社发行　各地新华书店经销

*

2016年 9 月第 一 版　开本：B5(720×1000)
2016年 9 月第一次印刷　印张：12.25
字数：320 千字

定价：89.00 元

（如有印装质量问题，我社负责调换）

前　言

　　井筒多相不稳定流是钻井中频发的现象，由于多相流动的研究极其复杂，目前也没有完全精确的求解方法，它属于物理及数学领域中难以解决的难题。常规做法是：借助几种定量的经验模型计算，或者采用均一法计算，因此，出现了单相形式研究多相不稳定流动的弊端。由于井筒多相不稳定流动威胁着深井及超深井窄密度窗口的安全钻进问题，国内多数书籍又较少触及井筒多相不稳定流问题，这是作者撰写本书的意图。

　　井筒多相波动压力求解是在井筒多相流动参数获取的基础上进行的，多相压力波速参数成为多相波动压力求解的关键，因此书中作者花费了较大笔墨进行讲述。作者对井筒多相波动压力的求解采用有限体积划分法：将井筒划分为有限个小单元，对每个单元进行多相流动参数及压力波速的获取，这样就将变化的波速求解多相波动压力问题，转换为恒定的波速求解多相波动压力问题，使多相波动压力求解问题迎刃而解。然而，这种求解方法又带来了新的麻烦，那就是结点处衔接压力不收敛问题。

　　本书是作者根据近几年的计算经验及发表的学术成果融合而成。书中尽可能地附之钻井中波动压力计算实例，以求丰富读者对多相不稳定流动知识的了解，同时，本书也可给予钻井工程师更直观的认识。书中的文字分析部分是作者根据自己的理解修饰而成，力争通俗地讲述井筒多相不稳定流动问题。本书中部分现场设计也得到了中石化西南油气田分公司石油工程技术研究院的支持，在此一并表示感谢。

　　随着自然科学的进步，人们不免对多相不稳定流有更深刻的理解，本书定存纰漏，并且会有局限性，但请读者不吝批评指正，作者将不胜感激！

孔祥伟　林元华

2016 年 1 月 1 日

目　　录

第1章　绪论 ……………………………………………………………………… 1

1.1　波动压力研究意义 ………………………………………………………… 1

1.2　井筒多相流动发展历程 …………………………………………………… 2

1.3　压力波速发展历程 ………………………………………………………… 4

1.4　波动压力发展历程 ………………………………………………………… 5

1.5　波动压力控制发展历程 …………………………………………………… 6

1.6　应用前景 …………………………………………………………………… 8

第2章　钻井及波动压力简介 ………………………………………………… 10

2.1　钻井简介 …………………………………………………………………… 10

2.1.1　钻井概念 …………………………………………………………… 10

2.1.2　钻井发展 …………………………………………………………… 11

2.1.3　钻井准备 …………………………………………………………… 13

2.1.4　钻井过程 …………………………………………………………… 14

2.2　钻井中的波动压力 ………………………………………………………… 16

2.3　钻井中波动压力传播过程 ………………………………………………… 17

2.3.1　钻井中不稳定流传播阶段 ………………………………………… 17

2.3.2　井筒波动压力摩擦阻力 …………………………………………… 18

2.3.3　钻井中波动压力阻尼震荡 ………………………………………… 19

2.4　本章小结 …………………………………………………………………… 21

第3章　井筒多相波动压力关键参数获取 …………………………………… 22

3.1　稳态多相压力计算方法 …………………………………………………… 22

3.1.1　稳态多相压力模型 ………………………………………………… 22

3.1.2　稳态多相压力求解方法 …………………………………………… 23

3.2　瞬态多相流动计算方法 …………………………………………………… 28

3.2.1　井筒多相流基本方程 ……………………………………………… 28

3.2.2　地层溢流判断及动态模型 ………………………………………… 34

3.2.3　模型的求解 ………………………………………………………… 40

3.3　多相流求解辅助方程 ……………………………………………………… 43

3.3.1　气体状态方程 ……………………………………………………… 43

3.3.2　钻井液相密度方程 ………………………………………………… 44

3.4 井筒多相流动特性分析 ·· 44

  3.4.1 多相流动中溶解度特性分析 ································ 45

  3.4.2 钻井中环空多相流动参数分析 ···························· 49

  3.4.3 节流阀控制溢流特性分析 ································ 51

3.5 本章小结 ··· 52

第4章 井筒多相压力波速传播特性 ···························· 54

4.1 压力波速经验模型 ·· 54

  4.1.1 前人经验模型 ·· 54

  4.1.2 考虑虚拟质量力经验模型 ································ 56

  4.1.3 空隙率对压力波速影响 ································ 60

4.2 双流体压力波速模型 ·· 61

  4.2.1 压力传递模型 ·· 61

  4.2.2 压力传递控制方程 ······································ 63

4.3 井筒多相流中压力传递规律分析 ································ 66

4.4 含水合物油包水管道输送体系的压力波速研究 ············ 71

  4.4.1 液相波速求解 ·· 72

  4.4.2 模型验证 ·· 74

  4.4.3 含水合物油包水波速变化规律分析 ···················· 74

4.5 本章小结 ··· 79

第5章 井筒多相压力响应特性 ································ 80

5.1 压力响应求解及其在钻井中应用 ································ 80

5.2 大跨越管道油气混输压力响应特性研究 ····················· 84

  5.2.1 混输量对压力响应时间影响 ···························· 86

  5.2.2 混输管道出口压力对压力响应时间影响 ·················· 86

  5.2.3 系统压力对压力波速的影响 ···························· 87

5.3 本章小结 ··· 88

第6章 钻井操作中单相波动压力演变特性 ···················· 89

6.1 井筒单相波动压力模型 ·· 89

6.2 单阀门受波动压力影响 ·· 94

  6.2.1 边界条件 ·· 94

  6.2.2 特性分析 ·· 96

6.3 双阀门受波动压力影响 ·· 98

  6.3.1 串联阀芯流量系数 ······································ 99

  6.3.2 双阀门 2s/4s 线性关阀阀芯受瞬变压力 ·················· 99

  6.3.3 双阀门 6s/8s 线性关阀阀芯受瞬变压力 ················· 100

  6.3.4 停输再启动输油管路瞬变压力震荡衰减 ················· 101

6.4 井筒受波动压力影响 ·· 101

6.5 泥浆泵失控/重载引发波动压力 ······································ 103

   6.5.1 边界条件 ·· 103

   6.5.2 特性分析 ·· 108

6.6 本章小结 ··· 109

第7章 钻井操作中多相波动压力演变特性 ······················· 111

7.1 井筒多相波动压力模型 ·· 111

7.2 关井引发的井筒波动压力 ·· 115

7.3 起下钻引发的井筒波动压力 ··· 119

   7.3.1 起下钻边界条件 ·· 119

   7.3.2 波动压力特性分析 ··· 124

7.4 拟稳态多相波动压力经验公式 ·· 127

7.5 本章小结 ··· 130

第8章 钻井嘴口压力突变、分流及压力损耗 ···················· 132

8.1 多相嘴口压力突变问题 ·· 132

   8.1.1 定水头孔口泄流 ·· 132

   8.1.2 管嘴泄流 ·· 133

8.2 压力损耗计算 ··· 134

   8.2.1 层流流态下的压力损耗计算 ······································· 134

   8.2.2 紊流流态下压力损耗计算 ·· 136

   8.2.3 钻头喷嘴压降 ·· 136

   8.2.4 钻井井筒循环压耗 ··· 137

8.3 钻杆分流器分流特性 ··· 137

8.4 本章小结 ··· 142

第9章 某深井井口压力控制设备及钻井设计 ···················· 143

9.1 井口压力控制装备 ··· 143

9.2 井口装置试压情况 ··· 145

9.3 地层破裂压力试验 ··· 148

9.4 钻头与套管尺寸设计 ··· 150

9.5 钻具组合 ··· 151

9.6 减应力套管柱设计 ··· 154

参考文献 ·· 159

附录一 多相波动压力计算常用参数表 ····························· 164

   附1.1 双缸双作用钻井泵排量表 ··· 164

   附1.2 三缸单作用钻井泵排量表 ··· 165

   附1.3 API标准钻杆容积和排代体积表 ································ 165

附 1.4 　钻铤容积和排代体积表 ⋯⋯⋯⋯⋯⋯⋯⋯⋯⋯⋯ 166

附 1.5 　套管容积表 ⋯⋯⋯⋯⋯⋯⋯⋯⋯⋯⋯⋯⋯⋯⋯⋯ 167

附 1.6 　井眼环空容积表 ⋯⋯⋯⋯⋯⋯⋯⋯⋯⋯⋯⋯⋯⋯ 169

附录二　多相波动压力计算附表 ⋯⋯⋯⋯⋯⋯⋯⋯⋯⋯⋯ 170

附 2.1 　钻杆段环空中波动压力分布 ⋯⋯⋯⋯⋯⋯⋯⋯⋯ 170

附 2.2 　泥浆泵失控与重载对波动压力的影响 ⋯⋯⋯⋯⋯ 175

附 2.3 　气侵量对波动压力滞后的影响 ⋯⋯⋯⋯⋯⋯⋯⋯ 181

附 2.4 　5s/5s 两步开度关阀计划阀芯所受瞬变压力 ⋯⋯ 183

附 2.5 　井筒多相流动波速与压强的关系 ⋯⋯⋯⋯⋯⋯⋯ 186

第1章 绪 论

1.1 波动压力研究意义

在钻井水力学系统中，若钻井液在井筒各截面上的有关物理量既随位置改变又随时间而改变，则称之为不稳定流动。不稳定流动通常伴随着波动压力的出现，波动压力是原有静态压力上附加的压力。钻井作业中，泥浆泵失控/重载、节流阀动作、软/硬关井、起下钻(下钻引发的波动压力称为激动压力，起钻引发的波动压力称为抽汲压力)等钻井设备瞬动行为均会产生波动压力。波动压力的出现会引起超压、噪声、抽空及振动，导致管柱系统性能降低和结构破坏，并且会在节流阀处及井筒中形成超压/气穴，造成井筒壁的扭曲变形、钻具及节流阀阀芯等钻井设备失效，从而引发井漏、井壁坍塌、卡钻甚至井喷等钻井事故。此外，井底波动的钻井液还会对储层造成损害。表1-1为较大钻井事故统计数据表，据现场统计资料显示，31%钻井事故是由不稳定流动中的波动压力引发的。在钻井工程设计中，钻井液密度、井身结构设计均应考虑井筒不稳定流产生的波动压力。因此，在油气井钻探中波动压力理论的研究占有重要地位。

表1-1 钻井事故统计

时间	事故	损失及伤亡
1978~1988年	中国井喷失控井133口	5人遇难，伤41人
1994~2002年	中国发生16次严重井喷失控事故	2人遇难，伤20人
2010年4月20日	墨西哥湾Macondo井发生了井喷着火爆炸事故	11人遇难，伤17人
2013年12月23日	重庆开县的罗家16H井特大井喷事故	243人遇难，疏散6万多人
2014年8月11日	长庆油田发生井喷失火	损失2000多万

目前，国内外学者对钻井过程中的波动压力进行了大量研究，但大多数的研究集中在单相流动中，由于相界面相互作用、气相漂移、气液密度及黏度物性差异等因素的影响，多相波动压力理论的研究极其复杂。然而，钻井中常伴随油、气、水及钻屑侵入井筒，迄今为止，对于现场实际钻井过程中常出现的油-气-钻井液-固多相波动压力的系统研究鲜有报道，多采用传统均相模型对多相波动压力进行简化处理，实质是将复杂的多相流按单相稳定流处理。显然，井筒中复杂多相流动的流型、空隙率、压力均随位置和时间而时刻改变，均相流动假

设与井筒中的实际情况截然不同。

在井筒中，波动压力以压力波的形式传播，是一种机械波，传播过程伴随着能量的传递。压力波的传播速度是压力波的基本特性，是计算波动压力的重要参数，关系着介质中压力的变化过程，是衔接波动压力与稳态压力的桥梁，图1-1给出了井筒中 $h\text{-}t$ 平面的压力扰动传播示意图，c 为压力波的传播速度，网格区域为波动压力波及区域。与单相流动中的压力波速不同，多相压力波传播速度与流动过程中多相介质的相互掺混、流动的不稳定性等结构特性有关。钻井过程时常发生气侵，井筒内存在多相混合流体，气井尤为突出。在深井钻井中，由于气体侵入井筒，井口的空隙率是井底空隙率的数十倍，使得压力波速沿井筒方向时刻变化，基于均相流动假设，采用恒定波速计算油-气-钻井液-固多相波动压力的常规做法与实际情况存在较大偏差，其求解结果并不准确，难以达到精细化钻井要求。因此，在钻井中，研究压力波速不仅能拓展压力波速研究领域，还可为解决钻井设备瞬动(如节流阀动作、起下钻、软硬关井及泥浆泵失控/重载等)引发的波动压力数值精确计算问题奠定理论基础。尽管前人对气-液两相流、固-液两相流动中压力波的传播特性研究做了不少工作，但尚未对油-气-钻井液-固复杂多相压力波速进行系统研究，由于油-气-钻井液-固多相相界面分布和相间相互作用规律复杂，使井筒中多相压力波速的计算难度陡然增大，在一些方面仍存在着较大分歧。

因此，对钻井过程中油-气-钻井液-固多相压力波的传递特性及波动压力变化规律进行深入的理论和实验研究具有重要的学术价值。此外，根据建立的波动压力理论，提出钻井设备瞬动操作的推荐作法，解决钻井过程中出现的波动压力问题，对钻井设计及现场钻井作业具有重要的理论指导意义。

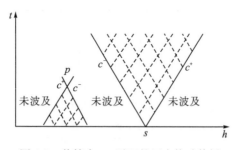

图 1-1　井筒中 $s\text{-}t$ 平面的压力扰动传播

1.2　井筒多相流动发展历程

井筒多相理论是多相波动压力研究的基础，据力学情报记载[1]，多相流动的研究大约始于国外19世纪末期，在20世纪50年代中期多相理论得以迅猛发展。我国石油行业的多相流研究源于20世纪60年代初期。多相理论的发展始于实验研究，1963 年 Duns 和 Ros[2] 在长为 10m、直径为 32～142.3mm 的垂直管道中进行了气液两相流动实验，得到了气液两相流动的流型图，并通过无因次分析的方法确定了 10 个无因次群。Adrian(1980 年)[3] 在前人的基础上，采用气液相表观速度作为计算参数来识别流态，同时提出了描述流型转变的物理模型。Youngs(1982 年)[4] 对前人建立的井筒两相流动模型进行计算机数值求解，此时，多相流向计算机数值模拟方向发展。在挪威多相流实验室中，Sylvester 和 Uhlmann(1987 年)[5,6] 针对泡状流、段塞流、环状流等流型进行了数千次大口径两相流试验，结合实验验证了几种流型计算的精确度。Karan 和 Heidemann(1998 年)[7,8] 将相平衡理论引入了多相流计算中，并针对高含硫混合物中气－液－固相平衡进行研究，将多相管流分为 4 个流区，分别计算每一流区压力梯度。

随着钻井技术的发展，对多相流计算的精度的要求越来越高。Tryggvason 和 Bunner(2001 年)[9]，基于 Navier-Stokes 方程及有限体积法，结合多相前缘追踪法对竖直管道多相流求解，数年后，这一方法在多相数值计算中得到广泛应用。Allan(2002 年)[10] 巧妙地提出了一种计算井筒和管道多相流参数的新方法——组分追踪法，准确地考虑了各组分相对于空间和时间的变化，并预测了烃类含量的变化，考虑流体的密度、黏度、热传导、热容以及表面张力等因素，准确地预测压降、温度及流型的转变。Loncke(2004 年)[11] 提出了用漂移模型来描述井筒多相流，并采用管径为 15cm 的倾斜管中开展多相流实验，确定了漂移模型参数。刘建仪、李颖川等(2005 年)[12] 应用稳定流动能量方程，将凝析油气作为复合气体，考虑复合气体－水混合物的气液两相节流作用，提出了高气液比气井节流计算模型，并与干气气嘴节流模型相比较，此时多相理论广泛地应用到钻井、采油等领域。周英操(2005 年)[13] 在 Nickens 研究的基础上，充分考虑了岩屑固相和多相加速度压降的影响，建立了直井环空多相流井底压力流动型态计算模型。刘修善(2006 年)[14] 建立了模拟钻井液脉冲动态传输特性的数学模型，对现有钻井液脉冲传输系统加以改进，此做法对测井领域有一定的参考价值。Woldesemayat 等(2007 年)[15] 基于无偏相关性理论，对 2845 个数据点进行相关性实验数据分析，得到了不同流动模式和倾斜角度预测多相流动压力及其相关性的方法。孙宝江等(2011 年)[16] 针对深水井控的特点，建立了七组分井筒多相流控制方程，并利用全尺寸实验井对井筒多相压力计算精度进行验证，多相流理论在中国得到了蓬勃发展。任美鹏、李相方等(2012 年)[16] 基于气液两相流理论，建立了井筒气液两相流参数与井口溢流速度的关系模型，以空气和钻井液为介质，模拟了钻井液返出流量变化时气液界面变化情况。徐朝阳、孟英峰等(2015 年)[18]，揭示了气侵过程井筒压力的演变规律，利用大型实验架进行了可视化模拟实验，测量了气侵过程井筒压力变化，观察管内流动物理特征，并基于非稳态流动理论和漂移模型建立了井筒气－液两相流动瞬态预测模型。Najmi 等(2015 年)[19] 采用直径为 0.05m 水平管，对多相流携岩问题进行实验研究，将多相流流型划分为间歇和分层流，得到了黏度对气－液－固多相运移特性的规律的影响，使气－液－固多相流动的研究更细致化。由于多相理论在石油领域广泛应用，至今研究仍未停止。

1.3 压力波速发展历程

在井筒中，波动压力以压力波的形式传播，是一种机械波，传播过程伴随着能量的传递。压力波的传播速度是压力波的基本特性，是计算波动压力的重要参数，关系着介质中压力的变化过程，是衔接波动压力与稳态压力的桥梁。图 1-2 给出了不同串联井筒边界条件的波速处理方法。与单相流动中的压力波速不同，多相压力波传播速度与流动过程中多相介质的相互掺混、流动的不稳定性等结构特性有关。钻井过程时常发生气侵，井筒内存在多相混合流体，气井尤为突出。在深井钻井中，由于气体侵入井筒，井口的空隙率是井底空隙率的数十倍，使得压力波速沿井筒方向时刻变化，基于均相流动假设，采用恒定波速计算气－液－固多相波动压力的常规做法与实际情况存在较大偏差，其求解结果并不准确，难以达到精细化钻井要求。因此，在钻井中，研究压力波速不仅能拓展压力波速研究领域，还可为解决钻井设备瞬动行为(如节流阀动作、起下钻/套管、软/硬关井及泵失控/重载等)引发的波动压力数值精确计算问题奠定理论基础。尽管前人对气－液两相流、气－固及固－液两相流动中压力波的传播特性研究做了不少工作，但尚未对气－液－固多相压力波速进行系统研究，由于气－液－固多相相界面分布和相间相互作用规律复杂，使井筒中多相压力波速的计算难度陡然增大，在一些方面仍存在着较大分歧。

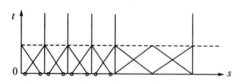

图 1-2 串联井筒边界条件的波速处理简图

压力波速的研究可追溯至 19 世纪 50 年代，早在 1947 年，Carstensen[20] 就提出了压力波速求解问题，用实验方法测量了压力波速，为压力波速的研究拉开了序幕。随后研究者们相继开展了大量的压力波的理论研究，通常采用均匀流模型和双流体模型对气液两相流中压力波进行模化，或直接从弹性理论出发开展理论研究。Wallis 推导出关于均质流、分层流的波速公式[21]。Nguyen 等(1981年)[22]、Cheng 等(1985 年)[23]针对弹状流，深入研究压力波速，得出了关于弹状流的中波色散理论。Ruggles 等(1985 年)[24]根据双流体模型，结合气液界面压力差、气泡径向力、虚拟质量力等，利用小扰动原理，推导了气液两相流动压力波的传播速度模型。Lebitsky(2000 年)[25]利用无量纲一维近似模型，经 Laplace 变换，数值研究了薄弹性管道内聚合液体的压力波速特性，揭示了在薄弹性管壁内聚合液体的压力波比在类似系统内纯液体压力波的扩散要高得多，但衰减则相对较小。Aly(2000 年)[26]由管道内压力波速传播的控制方程，求出了管道内各点的压力表达式，根据衰减公式，研究了在布满多孔介质的变截面环形管道内压力波速传播特性。Smereka(2002 年)[27]从非线性方向着手，模化研究了气液泡状流动中压力波传播与气泡特性之间的关系，该模型考虑了气泡尺寸的分布和气泡的不连续性振动特性。国外对压力波速的研究取得了阶段性的进展。然而国内对压力波研究起步较晚，最早始于高宗英(1984 年)[28]推导出了计算气、液两相介质在各种压力与温度下音速的公式，并首次给出了计算空气-柴油两相介质音速的诺模图。随后，韩文亮(1990 年)[29]分析了影响浆体压力波速的因素，推导出不同条件下浆体压力波速的公式。李相方(1997 年)[30]设计了垂直环空气-液两相流实验装置，并用实验方法得到了低压环境下的气-液两相流波速。刘磊(1999 年)[31]将双流体模型用于绝热无相变的管道气液两相流，依据小扰动线化分析原理，推导出了压力波波数 K 的方程。白博峰(2003 年)[32]采用分形理论对气-水两相流的壁面的波动压力理论研究。黄飞等(2004 年)[33]建立了水平气-液两相流动中压力波速数学模型。根据小扰动原理和线性一阶齐次方程组有解的条件，得到水平气液泡状流的压力波速色散方程。白博峰(2005 年)[34]设计了可调频式压力扰动源的气液两相流压力波速实验装置，实验研究了垂直上升管内气液两相流泡状流、弹状流压力波的色散规律，验证了泡状流压力波色散特性的临界频率现象。刘修善(2006 年)[35]在随钻测量系统和闭环钻井系统中，研究了钻井液脉冲的传输速度计算方法，建立了模拟钻井液脉冲动态传输特性的数学模型，分析了钻井液的组份含量和特性对脉冲信号传输速度的影响。洪文鹏(2011 年)[36]利用实验数据绘制了流型界限图，对比分析了两种管束间不同过渡流型的压差波动信号。

1.4　波动压力发展历程

波动压力属于不稳定流动理论的范畴，对不稳定流理论的研究始于 19 世纪初期。根据 Wood[37]的记载，Wiehelm、Weber 在 19 世纪 50 年代测定了波动压力管壁弹性效应，Wood 在这个时期推导了连续性方程和流体动力学方程，为后来不稳定流的研究奠定了基础。Nakoryakov(1976 年)[38]在弹性管道中建立了波动压力模型，分析了影响压力波速传播及扰动因素。到了 20 世纪 60 年代，随计算机的发展，Streeter 及 Wylie[39]应用计算机分析了单相流动波动压力计算问题。Tullis(1970 年)[40]在科罗拉多州立大学会议论文集上发表了密闭管道内流量控制的文章。Nikpour(2014 年)[41]将波动压力应用在输送水管网中，通过实验与

CFD 软件对比分析，分析了湍流流型下的流体波动压力变化规律。

在井筒波动压力领域，Cannon 最早在 1934 年注意到正常压力或井内静液柱压力大于地层压力时，起钻过程中仍然发生井喷，同年，Cannon[42] 测定了起钻中产生的抽汲压力，使波动压力理论研究领域扩展到钻井行业中。直至 1961 年，Burkhardt[43] 在简化一些计算条件的基础上，提出了波动压力经验公式，这是波动压力理论在钻井行业应用的重要标志。紧接着，Fan（1995 年）[44] 考虑管柱弹性、钻井液弹性等因素，得到了瞬态波动压力数值解。然而，波动理论在 1989 年才被国内钻井行业所关注，此后，大量的国内学者开始对波动压力展开研究，钟兵（1989 年）[45] 求解了井筒中波动压力问题，给出了弹性管和可压缩流体在井内各流道组合的波动压力方程和定解条件，使得起下钻引发的波动压力理论研究逐渐深化。樊洪海（1995 年）[46] 以流体力学不稳定流动理论为基础，建立了起下钻设备瞬动过程中井眼内波动压力预测的理论模型。汪海阁（1994 年）[47] 以 Robertson-Stiff 流变模式为基础，从理论上推导了定向井同心环空中起下钻或下套管过程中在稳定层流条件下波动压力系数的变化规律曲线。管志川（1999 年）[48] 利用一维不稳定流动的基本方程，对不同套管与井眼环空间隙的波动压力进行了计算。陶谦（2006 年）[49] 将波动理论开始应用于下套管过程中，讨论了控制套管下放速度来控制激动压力。孙玉学（2011 年）[50] 将波动理论应用于水平井环空波动压力的研究中，阐述了水平井环空波动压力的流动物理模型，考虑管柱偏心对钻井液流动规律的影响。Wang（2012 年）[51] 基于不稳定流动模型，在钻井起下钻过程中，建立了预测单相波动压力模型，通过计算机对其求解，并与现场数据对比，证实了模型的正确性，实现了钻井中单相起下钻过程中的井底衡压预测。Landet（2013 年）[52] 基于质量守恒及动量守恒方程，建立了钻井中单相不稳定流模型，并提出起下钻过程中，可用节流阀动作产生的波动压力平衡起下钻引发的波动压力，并分析了波动压力衰减规律及波动压力的控制方法。Tang（2014 年）[53] 考虑钻井液屈服应力、钻井液塑性黏度、环空偏心、钻铤边界条件等因素，提出了偏心环空下的起下钻波动压力模型，并提出偏心环空波动压力与钻井液塑性黏度有较大的相关性，指出在偏心环空起下钻中，应合理控制钻井液塑性黏度，新模型考虑钻铤的边界条件对波动压力的影响，使计算结果更准确。

1.5 波动压力控制发展历程

关于波动压力控制问题的研究，国外始于 1937 年在管道输水中，Knapp 借助阀门的控制，来控制管道中水击的危害。1957 年，Rununs 开始研究关阀的问题，对阀门控制水击问题得到了初步认识。1963 年 Streeter 首先提出了 Valve Stroking(VS) 的概念，并对无摩擦的自流管道系统进行了研究。直至 1967 年，Streeter 对波动压力控制的研究取得了一定成果。Streeter 将 VS 概念应用于确定复杂的管道系统，如串联、并联及分叉管道的关阀问题[54]。到 20 世纪 80 年代，关于阀门控制问题初具雏形，Thompson[55]研究了在给定的关阀时间内阀门两速关闭的最佳方法，并给出了相应的计算方法。国内关于波动压力控制的研究始于供油管路中水击的控制，陈玮瑞(1983 年)[56]发现在供油管路中由于供油阀门的快速关闭或换向，造成管路中燃油流速的急剧改变，从而使燃油的瞬时压力剧增，形成了管路中的燃油水击现象。燃油水击现象危害很大，其瞬时峰值比正常压力可大 3~5 倍。刘保华(1989 年)[57]建立了水电站调压室水力设计数学模型，以承压钢管内的流量变化过程为时间的已知函数，用质量方程与连续方程联合求解调压室内的水位波动。通过计算机编程计算，得到了关闭规律和调压室型式、尺寸等优化设计。宫敬(1994 年)[58]针对大庆铁岭输油管道的特殊情况，建立了适于该管道的数学模型，利用软件模拟各种水击事故，并提出了工艺运行方案和控制措施。宋生奎(2007 年)[59]利用特征线法模拟了管道加油系统内阀门关闭的水力瞬变过程，结合工程实际提出了两种可行的阀调节防护措施。杨开林(2009年)[60]提出了适应水击控制多孔套筒式调流阀的设计方法，其特点是应力曲线为下凹曲线，可以在相同关阀条件下大大减少水击压力。丁大雷(2012 年)[61]以综述的形式分析了水击控制是管道控制的核心内容，说明了产生水击的原因及危害，列举了控制水击的各种手段。李立婉(2014 年)[62]提出可靠的水击安全保护措施对密闭输送管道的安全性具有重要意义，对水击分析方法以及国内外研究现状进行概述，并总结了管道输送过程中的水击保护措施。

在钻井中许用起下钻/套管速度、软/硬关井速度及节流阀的动作等问题均可定义为波动压力控制的范畴。钻井中波动压力的控制问题起源于国外，Irwin(1979 年)[63]使用已知的传递函数，通过数字校正技术控制波动压力，并用测量实验的方法进行了论证。Kerr(1951 年)[64]综合前人波动压力的研究成果，基于阀门的特性曲线、结合特征线法，从理论上分析了钻井中波动压力的可控性，使得钻井中波动压力的研究有了一定的进展。Jdarine(1993 年)[65]指出在硬关井操作中，由于地层大量流体侵入井筒，容易造成地面表压的上升，将增加波动压力脉动幅度，而且在开关井时又存在人为差错等因素，波动压力更是不可忽略的因素。Beck(1995 年)[66]利用动态的 TLM 模型，模拟计算了钻铤运行过程中的波动压力，给出了许用钻铤下放速度的分析方法，并借助实验对提出的数学模型进行验证。国内钻井行业对波动压力控制问题的研究始于关井的控制问题，郝俊芳(1982 年)[67]推导了关井条件下天然气溢流许可不膨胀上升高度的计算式，在许用套压下控制天然气溢流膨胀上升时应允许的排量公式。唐林(1995 年)[68]以起钻时保持井底有效压力大于或等于地层压力、下钻时保持易漏层位井内有效液柱压力小于其破裂压力为条件，建立了各种工况下基于幂律流体的许用起下钻速度计算式。李荣(2005 年)[69]建立了水击效应的数学模型，并用特征线法以及 ADI-NA 有限元方法对水击数学模型进行了求解，提出了在井口装置上安装空气罐来减小水击压力的尝试。骆发前、何世明(2006 年)[70]在对水击压力的计算方法进行讨论的基础上,分析了井口流速和水击波速对水击压力的影响规律,这些认识对溢流关井的水击压力计算、溢流关井方式的选择等具有指导作用。李流军(2009 年)[71]利用井下液面声纳测深仪,结合吊灌优化措施,形成了漏失返条件下安全起下钻及电测的保障技术。

近年来,随着精细化钻井的发展,波动压力的控制问题受到了更广泛的关注。Landet(2013 年)[52]在两个理想化的条件下,提出了一种钻井中基于偏微分方程的控制波动压力策略。分析了控制波动压力过程中的影响因素,指出了控制变化的波动压力,更使钻井达到精细化作用。Carlsen(2013 年)[72]提出了钻探气侵过程中,钻井操作的波动压力控制及评价方法。该方法基于 PI 控制器、内部模型控制器(IMC)及模型预测控制器(MPC),使用三个控制器协调控制出口流量及泵流量,以达到稳定井底压力,消除波动压力干扰的目的。李文飞(2012 年)[73]基于流体力学和波动压力理论,研究了抽汲、激动压力安全系数的计算方法,指出抽汲、激动压力随钻井液黏度、密度、井深的增加而增大,且与钻柱上/下行速度密切相关。大井眼中抽汲、激动压力较小,小井眼抽汲、激动压力较大,地层渗透性也会影响抽汲、激动安全系数的取值。任美鹏、李相方(2013 年)[74]基于气液两相流理论,通过分析钻头不在井底时溢流、关井和压井期间的井筒流体特性,建立了钻头不在井底的 Y 形管模型,给出了根据关井压力恢复曲线读取关井压力的时机,推导出了钻头以下井段的许用流体密度计算公式。

1.6 应用前景

波动压力的预测及控制问题在石油勘探及开采领域存在着广泛的应用,贯穿于整个油气勘探开发过程,具体应用前景如图 1-3 所示。

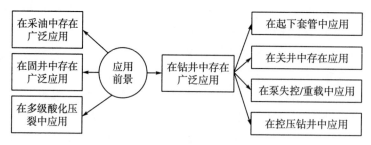

图 1-3 多源多相波动压力的应用前景

1. 在控压钻井中的应用

将井筒压力的研究问题转换为如何控制井筒压力的节流阀动作问题,在研究中不仅考虑溢流产生的井筒多相流动瞬态压力变化,同时也考虑起下钻、节流阀动作、软硬关井等钻井设备瞬动产生的波动压力干扰，并提出有模型的节流阀动作方法。

2. 在固井中的应用

瞬时开泵引起的井筒压力波动容易诱发井下漏失，考虑到固井流体的压缩性和套管弹性，主要包括固井瞬时开泵条件下，固井液的瞬变流引发的井筒波动压力计算模型，分析固井开泵、顶替到固井结束三个阶段的井筒波动压力，对于优化开泵施工操作具有一定的指导意义。

3. 在多级酸化压裂中的应用

混合压裂技术的施工流程的重要环节是先泵入滑溜水，利用清水的强造缝能力产生长裂缝，再泵入交联凝胶前置液。针对波动压力传播的不同载体这一环节，精确计算压入瞬间的波动压力，优化得到压裂液的泵入排量，从而达到安全压裂的目的。

4. 在采油中的应用

在采油过程中，采油油嘴、环空带压的阀门泄压瞬间，流体速度均发生瞬变，会引发波动压力的出现。将多相波动压力理论应用至采油中的阀门泄压过程的模拟计算中，以优化出最佳的阀门泄压操作规范。

第2章 钻井及波动压力简介

2.1 钻井简介

2.1.1 钻井概念

在地质工作中，利用钻探设备向地下钻成的直径较小、深度较大的柱状圆孔，称之为钻孔。所谓石油钻井是指为了勘探和开发地下石油和天然气，而在地表钻凿一个通往地下油气层直径很小的井眼工作。钻井直径和深度大小，取决于钻井用途及矿产埋藏深度等。钻井的主要功用如下。

(1)获取地下实物资料，即从钻井中采取岩心钻探取得的岩心、矿心、岩屑、液态样、气态样等。

(2)作为地球物理测井通道，获取岩矿层各种地球物理场的资料。

(3)作为人工通道观测地下水层水文地质动态情况。

(4)用于钻探采油，开发地下水、油气、地热等的钻井。钻井通常按用途分为地质普查或勘探钻井、水文地质钻井、水井或工程地质钻井、地热钻井、石油钻井、煤田钻井、矿田钻井、建筑地面钻井等。

常规的钻井是利用钻头旋转时产生的切削或研磨作用破碎岩石，这也是目前最通用的钻井方法。其钻头比顿钻钻速快，并易于处理井塌、井喷等复杂情况。按动力传递方式，旋转钻井又可分为转盘钻井和井下动力钻井两种：转盘钻井在钻台的井口处装置转盘，转盘中心部分有方孔，钻柱上端的方钻杆穿过该方孔，方钻杆下接钻柱和钻头，动力驱动转盘时带动钻柱和钻头一起旋转，破碎岩石。井下动力钻井是利用井下动力钻具带动钻头破碎岩石，钻进时钻柱不转动，磨损小、使用寿命短，特别适于打定向井。井下动力钻具钻井有涡轮钻、螺杆钻和电动钻等。井下动力钻具钻井是利用涡轮钻具、螺杆钻具以及冲击旋转钻具靠钻井液驱动的方法钻井。其特点是进尺快、钻压小、泵压高，适合钻定向井或特殊硬底层井段。钻井设备按功能分为：旋转系统、提升系统、泥浆循环系统、动力与传动系统和控制系统等。

2.1.2　钻井发展

中国是石油开采和使用最早的国家，早在 3000 多年前，中国最古老的经典之一——《易经》中就有了"泽中有火"的记载。最早提出"石油"一词的是公元 977 年北宋李昉等编著的《太平广记》。正式命名为"石油"是中国北宋杰出的科学家沈括(1031~1095 年)在其所著《梦溪笔谈》中，根据这种油"生于水际砂石，与泉水相杂，惘惘而出"而命名的。在"石油"一词出现之前，国外称石油为"魔鬼的汗珠"、"发光的水"等，中国称"石脂水"、"猛火油"、"石漆"等。11 世纪的沈括在《梦溪笔谈》中对石油的性状、用途、前景都作了明晰全面的阐述。他说："延境内有石油，予知其烟可用，试扫其烟为墨，黑光如漆，松墨不及也。此物必大行于世，自予始为之，盖石油至多，生于地中无穷，不若松木之有时而竭。"他将制造的墨命名为"延州石液"。沈括是第一个为石油命名的科学家，他也极其准确地预见了石油烟可用于制墨的辉煌前景。由于明清时代的闭关锁国，中国错过了两次工业革命，石油开采和使用逐步落在了西方国家后面，由于连年的战争使得中国的钻井技术发展缓慢。新中国成立以后，党和国家高度重视石油在国家中的重要地位，中国的石油工业得到了突飞猛进的发展[75]。在六十多年的发展历程中，大致可以分为三个阶段。

1949~1959 年：这是中国石油工业的起步阶段。由于战争，中国的工业基础十分薄弱，石油行业百废待兴，中国人靠着自力更生和学习苏联的经验和技术走上了迅速发展的道路。玉门油田的发现和开发使中国人把"贫油国"的帽子甩进了太平洋，结束了中国不产油的历史。在此之后又相继发现和开采了许多大的油田，我国的石油开采已初具规模。

1960~1978 年：这是中国石油开采工业的发展时期。在这将近二十年的时间里，中国经历了巨大的挑战，受到了西方和苏联等社会主义国家的封锁、"三年自然灾害"、"文化大革命"的冲击，国内政治斗争激烈，也影响了国民经济的发展。但是这些天灾人祸没有吓倒英雄的中华儿女，在此后大庆油田和胜利油田的开发，使得中国的石油开采量跃居世界的前列，使原有开采技术和水平也有了很大的提高，在满足国内需求的同时还出口国外。

1979 年~至今：中国的石油开采向着自动化的方向发展。这一时期中国打开了国门，实行改革开放政策，从此走上强国复兴的道路，石油开采工业也借助改革开放的机会有了空前的发展，并走上科技创新的道路，引导钻井行业走上了大发展的道路，向着自动化的方向迈进。同时还走出了国门，积极落实国家"走出去"的发展战略。

国际上对深井、超深井、特超深井划分一般界定如下：

(1)深井是指井深大于 4500m，小于 6000m 的井；

(2)超深井是指井深大于6000m，小于9000m的井；

(3)特超深井是指井深大于9000m的井。

目前，深井钻井技术水平处于世界领先的国家有俄罗斯、美国和德国，其中美国是世界上深井钻井历史最长、工作量最大(占全球85%以上)、技术水平最高的国家。据不完全统计，目前世界上已钻成8000m以上超深直井12口，其中美国6口，苏联2口，挪威1口，奥地利1口，原民主德国1口，中国1口，其中具有代表性的超深井、特深井钻井情况统计见表2-1和表2-2。

目前，我国深井、超深井钻井技术水平比国外先进国家相比大约落后15年(知识产权水平约落后40年)，1966年7月28日大庆油田完成了第一口深井——松基6井(4719m)，揭开了我国深井钻井序幕；1976年4月30日在四川地区完成的第一口超深井——女基井井深达6011m，开启了我国超深井钻井序幕。

表 2-1　国际上部分超深井钻井情况统计表(主要为科学钻探)

国别	井号	井深/m	周期/d	完井年份/a
苏联	SG-3	12869	约 7665	1991
苏联	SG-1	9000	约 2190	1983
美国	巴登1号	9159	约 543	1972
美国	罗杰斯1号	9583	约 504	1974
美国	瑟复兰奇1-9	9043	约 1152	1983
美国	Emma Lou2	9029	约 1013	1980
德国	KTB	9101	约 2555	1994
挪威	Norsk hydro	9723	约 2867	1994
中国	塔深1井	8408	约 461	2006

1976~1985年，全国共钻成10口超深井，其中有2口井超过7000m，即位于四川的关基井(井深7175m，1978年)和位于新疆的固2井(井深7002m，1979年)。1986~1997年，共钻成34口超深井，其中塔参1井井深达7200m(1997年)，是当时我国陆上最深井。20世纪90年代末期以来，随着塔里木盆地、四川盆地的大规模勘探开发，国内超深井数量越来越多。

表 2-2　国际上部分超深井钻井情况统计表

井名	地区	钻井年限/年	井深/m		井底温度/℃
			设计	实际	
берта роджерс	оклахома США 美国	1973~1974	11201	9583	260
Кольская	Кольский полуостро Россия 俄罗斯	1970~1991	15000	12261	212
Саатлинская	Куринскя впдина Азербайджан 阿塞拜疆	1977~1990	11000	8324	148
Криворожская	Крирой Рог Украина 乌克兰	1984~1993	12000	5382	85

续表

井名	地区	钻井年限/年	井深/m 设计	井深/m 实际	井底温度/℃
Тимано-Печорская	Севаро-восток европейской части Россия 俄罗斯	1984~1993	7000	6904	129
Тюменская	Западная Сибирь Россия 俄罗斯	1987~1996	8000	7502	230
КТБ-Оберпфальц	Бавария Германия 德国	1990~1994	10000	9901	300

2.1.3 钻井准备

钻井是一项系统工程，是多专业、多工种利用多种设备、工具、材料进行的联合作业。同时它又是多程序紧密衔接，多环节环环相扣的连续作业。施工的全过程都具有相当的复杂性。每一口井的完成包括钻前工程、钻进工程和完井作业三个阶段。每一项工程阶段又有一系列的施工工序。其主要工序一般包括：定井位、道路勘测、基础施工、安装井架、搬家、安装设备、一次开钻、二次开钻、钻进、起钻、换钻头、下钻、完井、电测、下套管、固井作业等。

钻井过程包括：利用钻头等钻具，按照钻进技术高效率地进行破碎岩石、取芯、固井与完井，预防并处理钻井事故等。其主要过程包括以下几个方面。

1. 定井口位置

地质工程师根据地质上或生产上的需要确定井底位置。当井身轴线按铅垂线设计时，井口中心与井底中心位置在同一铅锤线上，这就是直井。如果井身轴线对铅直线而言是斜的或是曲线形状，则井口中心位置将不与井底中心在同一铅垂线上，这就是定向井。

2. 修公路

为了将各种设备与物资运入井场，需要修公路。因有时满载车总量可达 30~40t 或更多，公路应能通行重车。公路不平将减小车速，并使车辆过早损坏。

3. 平井场

在井口周围平整出一块场地以供施工之外，井场面积因钻机而异，大型钻机约需 $12\times90\text{m}^2$，中型钻机约 $100\times60\text{m}^2$，形状大致呈长方形，可因地制宜。

4. 打基础

为了保证设备在打井过程中不会因下陷不均匀而歪斜，要打基础(或称基礅)。小些的基础可用方木或预制件,大型的基础则在现场用混凝土浇灌。

5. 安装

立井架,安装钻井设备、泥浆泵,安放或挖掘泥浆池、泥浆槽等。

2.1.4 钻井过程

1. 钻进

直接破碎岩石的工具叫钻头。钻进时用足够的压力把钻头压到井底岩石上,使钻头的刃部吃入岩石中。钻头上边接钻柱,用钻柱带动钻头旋转以破碎井底岩石,井就会逐渐加深,加到钻头上的压力叫钻压,是靠钻柱在洗井液中的重量(即钻柱在空气中的重量减去在洗井液中的浮力后的重量)的一部分产生的[76]。

钻柱把地面上的动力传给钻头,所以,钻柱是从地面一直延伸到井底的,井有多深,钻柱就有多长。随着井的加深,钻柱也逐渐增长,其重量也逐渐加大,以至于会超过钻压的需要。过大的钻压将会引起钻头、钻柱和设备的损坏,所以必需将大于钻压的那部分钻柱重量悬吊起来,不使作用到钻头上。形成钻压的部分钻柱处于受压缩应力状态,被悬吊部分受拉伸应力。当井刚开钻时,由于井很浅,钻柱重量小于钻压,所以井内钻柱全部受压;当井变深,钻柱重量超过钻压需要时,上部钻柱被悬吊而处于受拉状态,下部仍处于受压状态。钻柱在洗井液中的重量称为悬重,大于钻压需要吊悬起来的那部分重量称为钻重,亦即钻压=悬重-钻重。井加深的快慢,即钻进的速度,用机械钻速或钻时表示。机械钻速是每小时破碎井底岩石的米数,即每小时进尺数,通常简称钻速。钻时是每进尺1m所需分钟数。

2. 洗井

井底岩石被钻头破碎以后形成小的碎块,称为钻屑,也常称为砂。钻屑积多了会妨碍钻头钻凿新的井底,引起机械钻速下降。所以必须及时地把钻屑从井底消除掉,将岩屑携出地面,这就是洗井。洗井用洗井液进行。洗井液可以是以水、油为基础的悬浮液,也可以是空气或天然气等气体。当前用得最多的是以水为基础的水基洗井液,即黏土分散于水中所形成的悬浮液。也有人把洗井液称为钻井液,但多数人把各种洗井液统称为泥浆。用气体洗井时称为空气钻井。钻柱是中空的管柱,把洗井液经钻柱内孔注入井中,从钻头水眼中流出以清洗钻头并冲向井底。将钻屑冲离井底,钻屑随同洗井液一同进入井眼与钻柱之间的环形空间,向地面返升,一直返到地面。钻屑在地面上从洗井液中分离出来并被清除掉,称为除砂,不含钻屑的洗井液再被注入井内,重复使用。洗井液为气体时则不再回收。在钻进时，洗井是与破碎岩石同时进行的。为了维持洗井液不间断地循环，就需要泵连续灌注。液体在流经管路时是要损耗能量的，即要克服流动阻力而损耗洗井液所具有的压力。因此，泵的出口应具有较高压力以维持循环。

3. 起下钻

为了更换磨损的钻头，需将全部钻柱从井中取出，换了新钻头以后再重新下入井中，叫起钻和下钻。一口井要用很多只钻头才能钻成，所以起下钻的次数是很多的。为了提高效率，节省时间，起下钻时不是以单根钻杆为单位进行接卸，而是以二或三根钻杆为一接卸单位，称为立根。为了配合这么长的立根，井架高度一般为 41m 左右。也可能有其他原因，如打捞落入井中的物件，解决卡钻等工作也需要进行起下钻的操作。

4. 固井

一口井在钻凿过程中，要穿过各种性质不同的地层：有的地层岩石坚硬，井眼形成以后可以维持较长时间而不致坍塌；有的地层则很松散，形成的井壁不稳定，井眼不稳定的岩石极易坍塌落入井内；有的地层内含有高压油、气、水等流体；有的地层强度不高，易被压裂，造成洗井液漏失；有的地层含有某些盐类，会使洗井液性能变坏等。尽管地层复杂多变，还是得设法将这些地层钻穿，否则无法继续向下钻进。当这些地层被钻穿之后，上述的各种复杂情况有的可能消失，对以后的钻井工作不再造成危害，固有的则继续给钻井工作造成麻烦，也许会形成隐患。为了保护已钻成的井眼和使以后的钻井工作顺利进行，或为生产造成通路，防止各层间串通，应当在适当的时候对井眼进行加固，称为固井。固井的方法是将称为套管的薄壁无缝钢管下入井中，并在井眼与套管之间灌注水泥浆以固定套管，封闭环形空间，隔开某些地层。这就是下套管，注水泥作业。一口井从开始到完成，常需下入多层套管并注水泥，即需进行数次固井作业。

5. 事故处理

如物件落入井内，需要进行打捞，钻杆断在井内也要打捞；钻柱被卡在井内时则要设法解除卡钻，除落物外，引起井内复杂情况而需要处理的原因多系洗井液性能不符合要求所造成的。

6. 其他作业

在钻井过程中要进行钻屑录井、气测井、电法测井以及地层测试；交井以后还可能有射孔、替喷、试油、酸化压裂等多项作业。

2.2　钻井中的波动压力

在钻井水力学系统中,若钻井液在井筒各截面上的有关物理量既随位置改变又随时间改变,则称之为井筒流体的不稳定流动,井筒的不稳定流动通常伴随波动压力出现。钻井中,波动压力贯穿于整个钻井过程中,节流阀动作、泥浆泵失控/重载、起下钻/套管、软/硬关井等钻井设备瞬动行为均会产生波动压力(如图2-1所示)。井筒中波动压力的出现会引起超压、噪声、抽空及振动,导致管柱系统性能降低和结构破坏,并且会在节流阀处及井筒中形成超压/气穴,造成井筒壁面的扭曲变形、钻具及节流阀阀芯等钻井设备失效,从而引发井漏、井壁坍塌、卡钻甚至井喷等钻井事故。此外,井底波动的钻井液还会对储层造成损害。据统计资料显示,31%的钻井事故是由不稳定流动中的波动压力引发的。因此,波动压力的预测及控制问题是精细化钻井需要解决的首要问题。在单相及多相流体中,波动压力是附加在静态压力上的附加力。当井底有气体的侵入时,波动压力变为多相波动压力。在钻柱内流体的流速是向下的,在环空中流体的流速是向上的,这里只选取钻柱中流体的流速方向讲述,环空中不稳定流的流动机理是相同的,这里不做过多阐述。

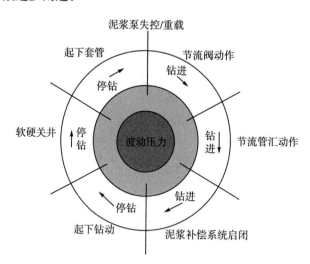

图 2-1　波动压力贯穿于整个井控过程

普通管材和介质,变化的百分比在0.5%以下,由于钻井套管、钻杆钢材质量规格较高,变化率在0.4%以下,图2-2(a)～图2-2(i)中的变化为了说明水击的膨胀效果,人为加大了膨胀效果。压力波属于纵波的范畴,这里假设压力波速为c,是压力的传播速度。我们熟悉的声音靠介质振动,以300～400m/s的速度传播,我们感受到对方的声音的时间为距离与声速的商。在后续章节,我们要详细列出不同介质，如岩石、油、水等的压力波速。压力传播同样需要速度，在考虑刚性的流体时，压力传播可以认为是瞬时完成的，在考虑流体是可压缩时，压力的传播时间为传播距离与速度的商。一般的从管道另一端接收到这个压力的时间，称为压力响应时间。在粗糙钻井中，如果发生井喷或者井涌，需要关井操作时，常规的想法是这个关井压力立刻传播到井底，然而钻井液是可压缩的，传到井底需要一段时间，一般的单相钻井液的压力波速为 $1100\sim1500\text{m/s}$，假设 7000m 的井深，那么井底接收到关井压力的时间大概要滞后 $4.67\sim6.37\text{s}$，如果环空中被气体污染，那么在井口处压力波速骤然剧减，可减少至 20m/s，环空多相流体关井中，井底接收到关井压力甚至达到 1min。

2.3　钻井中波动压力传播过程

2.3.1　钻井中不稳定流传播阶段

由于多相流动中压力波速实时变化，为表述方便，这里选用平均波速，具体实时变化的多相压力波速见下文的详细阐述。将不稳定流在井筒中的传播特性分为 9 个片段。如下图 2-2(a)~(i)所示：只要关井时间小于由水箱返回的泄压作用所必需的时间，就会导致完全水击，完全水击对阀门的危害最大。为了防止完全水击的出现关阀，时间必需大于 $2L/c$。

同种流体稳定流的流动速度是恒定的，然而，不稳定流中流体受到压力的影响而产生体积膨胀缩小，改变稳定流动的流速。压力、流速是水击压力计算的两个关键参数，他们之间的互相转换，构成了不稳定流的震荡，水击产生的本质上是流体在传播方向上的压缩。图 2-2(a)中 $t=0$ 时刻，钻井液沿井筒稳定流出井口时，突然将井关闭，或者节流阀关闭。图 2-2(b)中 $t=0.5L/c$ 时刻，由于钻井液的惯性继续向井口流动，这时流体被井口压力压缩，后面的流体一直向井口流动，由于钻井液呈现弹性，因此井口钻井液受到比原来压力大的挤压力，钻井液被压缩，使得管道膨胀，此时井口的压力还没有完全充填到井底，直至 $t=1.0L/c$ 时刻，井口压力传输至井底，压力充填完毕。图 2-2(c)中 $t=1.0L/c$ 时刻，由于井底接受到井口的压力，压力比同期井底大，钻井液要流向地层。

在图 2-2(d)中 $t=1.5L/c$ 时刻，井筒中一部分钻井液被以前压缩过的流体释放至地层，直至图 2-2(e)中 $t=2.0L/c$ 时刻，井筒中被压缩的流体全部释放完毕，由于钻井液向下流动的惯性，使得井口处的钻井液开始拉伸向井底流动，直至图 2-2(i)中 $t=4.0L/c$ 时刻，钻井液恢复至原状态，又开始新的震荡，假设没有能力损耗，震荡永久持续下去。由于钻井液介质稳定，一般都假设压力在钻井液介质中的压力波速恒定，严格的说，水击震荡过程中，由于钻井液体积受到压缩或膨胀，必然影响密度，从而压力波速有所变化，但这个影响对压力波速的影响不大，一般忽略。

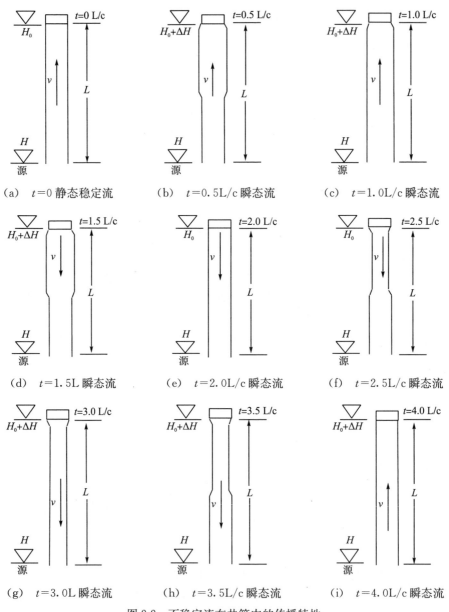

（a） $t=0$ 静态稳定流   （b） $t=0.5L/c$ 瞬态流   （c） $t=1.0L/c$ 瞬态流

（d） $t=1.5L$ 瞬态流   （e） $t=2.0L/c$ 瞬态流   （f） $t=2.5L/c$ 瞬态流

（g） $t=3.0L$ 瞬态流   （h） $t=3.5L/c$ 瞬态流   （i） $t=4.0L/c$ 瞬态流

图 2-2   不稳定流在井筒中的传播特性

2.3.2   井筒波动压力摩擦阻力

波动压力振幅衰减主要与摩擦阻力相关，随着摩擦阻力的增大，振幅减小，相反的摩擦阻力减小，振幅增大，振幅衰减较小，如果摩擦阻力为 0，那么波动压力永远在井筒中做无阻震动。由于井筒或者环空具有粗糙性，因此水击压力做无阻震动是不现实的，水击压力的大小在很大程度上受到摩阻力的影响。摩阻力可按照 Darcy-Weisbach 公式计算：

$$h_f = f \frac{L}{d} \frac{V^2}{2 \cdot g} \tag{2-1}$$

式中：f 为摩擦阻力系数，L 为管长，V 为流体速度，d 为有效管径。

当在钻杆内时，d 的有效直径为钻杆内径。当在环空时，d 等效为 $D_i - D_o$，D_i 为管柱套管内径；D_o 为钻柱外径。

宾汉流体的摩阻系数计算公式为

$$f_m = \frac{0.3164}{Re^{0.25}} \tag{2-2}$$

式中：Re 为流体雷诺数，无因次。

幂律流体的摩阻系数计算公式为

$$f_m = \frac{(\lg n + 3.93)/50}{Re^{(1.75 - \lg n)/7}} \tag{2-3}$$

式中：n 为流性指数，无因次。

宾汉流体的雷诺数计算公式为

$$Re = \frac{12^{-n} (D_h - d_o)^n \rho_m v_m}{0.1 \cdot \eta (1 + \frac{10 \cdot \tau_o (D_h - d_o)}{8 \eta v_m})} \tag{2-4}$$

式中：η 为塑性黏度，Pa·s；τ_o 为流体动切力，Pa；D_h 为井筒直径，m；d_o 为运动管柱外径，m；ρ_m 为流体密度，kg/m³；v_m 为流体速度，m/s。

幂律流体的雷诺数计算公式为

$$Re = \frac{12^{1-n} (D_h - d_o)^n \rho_m v_m^{2-n}}{10 \cdot K (\frac{3n+1}{4n})^n} \tag{2-5}$$

式中：K 为稠度系数，Pa·s^n。

流体的黏附系数可表示为

$$k = -\frac{[D_h^2 - d_o^2 - 2d_o^2 \ln(d_o/D_h)]}{2(D_h^2 - d_o^2)\ln(d_o/D_h)} \tag{2-6}$$

2.3.3　钻井中波动压力阻尼震荡

图 2-3 示出了成品油停输再启动过程中，11 秒线性关阀输油管路瞬变压力震荡情况。停输再启动引发的输油管路瞬变压力震荡受到输油管壁摩擦力、输油层间动量交换及成品油特性等因素的影响，在瞬变压力振荡过程中，成品油总能量逐渐减小，瞬变压力衰减，直至消亡。由于成品油的压缩系数比水的压缩系数

大，输油管道中成品油所受瞬变压力比输水管道所受瞬变压力及压力波速减小。同输水管道比，在输油管道瞬变压力振荡过程中，成品油层间耗散增大，瞬变压力振幅减小。图 2-4 为含气管路瞬变压力震荡，由于气相具有较大的压缩性，能量损耗较快。因此多相流的波动压力衰减较快，单相流动的波动压力衰减主要受到摩擦阻力的影响，而多相流的波动压力衰减不仅受管壁摩擦阻力的影响，还受到气相压缩性的影响，从而改变多相波动压力衰减。

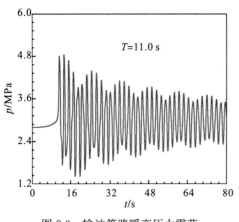

图 2-3　输油管路瞬变压力震荡

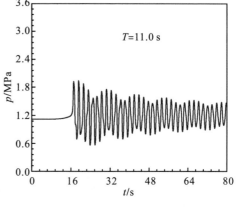

图 2-4　含气管路瞬变压力震荡

图 2-5 示出了，当井底气侵量 $Q_g = 0.412\text{m}^3/\text{h}$，$Q_g = 1.458\text{m}^3/\text{h}$ 及 $Q_g = 4.140\text{m}^3/\text{h}$ 时，井底所受波动压力的演变规律。随气侵量增大，井筒多相流体的可压缩性增大，使压力传递过程中的波动压力耗散能量增大，从而井筒多相波动压力呈现减小趋势。井筒压力波速的减小，可使波动压力变化周期变长，因此，井底接受压力响应的时间滞后。当 $Q_g = 0.412\text{m}^3/\text{h}$ 时，波动压力最大波峰值为 0.2776MPa，当 $Q_g = 1.458\text{m}^3/\text{h}$ 时，波动压力最大波峰为 0.1727MPa，当 $Q_g = 4.140\text{m}^3/\text{h}$ 时，波动压力最大波峰为 0.0681MPa。当气侵量增大到 3.782 m^3/h 时，井底所受波动压力增大 4.08 倍。

图 2-6 示出了，当井底发生液相溢流与发生气侵时，$T_0 = 5\text{s}$，关井对井底产生波动压力变化规律。由于井筒气体的出现导致了多相流体的压缩性大幅增大，更使压力从井口向井底传播过程中的压能急剧衰减。气侵的发生不但降低了井底波动压力，更使井底压力响应时间滞后。当井筒为单相钻井液时，井底压力响应时间大约为 $t = 2.256\text{s}$，当井底发生 $Q_g = 4.140\text{m}^3/\text{h}$ 的气侵时，压力响应时间滞后到 $t = 10.085\text{s}$，压力响应时间滞后 347.03％。从图 2-6 可看出，井底发生液相溢流时 $Q_g = 0\text{m}^3/\text{h}$，最大波动压力峰值为 1.2893MPa。当井底发生气体溢流（$Q_g = 0.412\text{m}^3/\text{h}$）时，最大波动压力峰值为 0.073MPa，气相溢流同液相溢流比较，井底所受的波动压力几乎被气相的压缩性消耗殆尽，这就要求液相侵入地

层，实施关井时，更要认真考虑关井产生的波动压力是否会对地层造成危害。

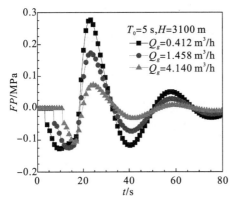
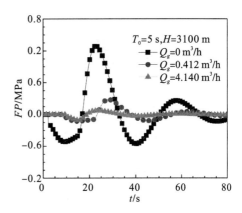

图 2-5　不同溢流量关井对井底波动压力的影响　　图 2-6　液侵气侵关井对井底波动压力的影响

2.4　本章小结

（1）钻井中，波动压力贯穿于整个钻井过程中，节流阀动作、泥浆泵失控/重载、起下钻/套管、软/硬关井等钻井设备瞬动行为均会产生波动压力。

（2）同种流体稳定流的流动速度是恒定的，然而，不稳定流中流体受到压力产生体积膨胀或缩小，改变稳定流动的流速。压力流速是水击压力计算的两个关键参数，它们之间互相转换，构成了不稳定流的震荡，水击的产生本质上是流体的传播方向上的膨胀或压缩。

（3）由于气相具有较大的压缩性，能量损耗较快，因此多相流的波动压力衰减较快，单相流动的波动压力衰减主要受到摩擦阻力的影响，而多相流的波动压力衰减不仅受管壁摩擦阻力的影响，还受到因气相内能改变而造成的多相波动压力衰减的影响。

第3章　井筒多相波动压力关键参数获取

井筒多相流动空隙率、压力等参数获取计算方法总体分为两类：一类是稳态的，不考虑时间，利用龙格库塔方法，借助状态方程，将井筒压力从井口计算至井底；另一类是瞬态的，考虑时间，利用动量守恒、质量守恒方程迭代计算。由于井筒多相波动压力计算中的一个关键参数是压力波速，压力波速的求取与压力、空隙率等参数密切相关，且初始波动压力迭代需要用到初始井筒压力分布情况，因此本章花费较多笔墨讲述井筒多相流动参数的获取计算方法。

3.1　稳态多相压力计算方法

钻井问题实质是寻求各压力间的平衡关系，溢流、井涌的发生都是由于这种平衡关系被打破。当井底压力低于地层压力，地层流体侵入井底，使环空形成多相流动体系，此时，井口压力变化和控制规律以及地层流体向井底的侵入状况均取决于当前井筒内流体的流动规律。因此，气侵后井筒多相流动特性研究是钻井流体力学研究的基础和关键[77]。

3.1.1　稳态多相压力模型

定义管斜角 θ 为坐标轴 z 与水平方向的夹角，作用于控制体内流体的外力等于控制体内流体的动量变化，即

$$\sum F_z = \rho A \mathrm{d}z \frac{\mathrm{d}v}{\mathrm{d}t} \tag{3-1}$$

式中：ρ 为流体密度，$\mathrm{kg/m^3}$；A 为管内流通截面积（$=\pi D^2/4$），$\mathrm{m^2}$；D 为管子内径，m；v 为流速，$\mathrm{m/s}$；$\mathrm{d}v/\mathrm{d}t$ 为加速度，$\mathrm{m/s^2}$。

作用于控制体的外力 $\sum F_z$ 可表示为

$$\frac{\mathrm{d}p}{\mathrm{d}z} = -\rho g \sin\theta - \frac{\tau_w \pi D}{A} - \rho v \frac{\mathrm{d}v}{\mathrm{d}z} \tag{3-2}$$

式中：g 为重力加速度，$\mathrm{m/s^2}$。

管壁摩擦应力与单位体积流体所具有的动能成正比。引入摩擦阻力系数 f，即

$$\tau_w = \frac{f}{4} \cdot \frac{\rho v^2}{2} \tag{3-3}$$

摩阻压力梯度用 τ_f 表示为

$$\tau_f = \frac{\tau_w \pi D}{A} = \frac{\tau_w \pi D}{\pi D^2/4} = \frac{4\tau_w}{D} = f\frac{\rho v^2}{2D} \tag{3-4}$$

上述动量守恒方程(3-2)即为压力梯度方程：

$$\frac{\mathrm{d}p}{\mathrm{d}z} = -\left(\rho g \sin\theta + \frac{\rho v^2}{2D} + \rho v\frac{\mathrm{d}v}{\mathrm{d}z}\right) \tag{3-5}$$

上式总压降梯度可用式（3-6）表示为三个分量之和，即重力、摩阻、动能压降梯度(分别用下标 G、F、A 表示)。其中动能项明显小于前两项。

$$\frac{\mathrm{d}p}{\mathrm{d}z} = \left(\frac{\mathrm{d}p}{\mathrm{d}z}\right)_G + \left(\frac{\mathrm{d}p}{\mathrm{d}z}\right)_F + \left(\frac{\mathrm{d}p}{\mathrm{d}z}\right)_A \tag{3-6}$$

坐标 z 的正向取为流体流动方向，故总的压力梯度 $\mathrm{d}p/\mathrm{d}z$ 为负值，表示沿流动方向压力降低。在油井管流计算时往往是已知地面参数，计算井底流压，需要以井口作为计算起点($z=0$)，由上而下为 z 的正向，即与油井流体流动方向相反。因此有

$$\frac{\mathrm{d}p}{\mathrm{d}z} = \rho g \sin\theta + f\frac{\rho v^2}{2D} + \rho v\frac{\mathrm{d}v}{\mathrm{d}z} \tag{3-7}$$

对于水平管流，$\theta=0$，$\sin\theta=0$，克服流体重力所消耗的压力梯度$\left(\dfrac{\mathrm{d}p}{\mathrm{d}z}\right)_G=0$。若忽略动能损失，则

$$\frac{\mathrm{d}p}{\mathrm{d}z} = f\frac{\rho v^2}{2D} \tag{3-8}$$

单相流的压力梯度方程仍适用于多相流动。对于垂直上升管流，$\theta=90°$，$\sin\theta=1$。为了强调多相混合物流动，则可表示为

$$\frac{\mathrm{d}p}{\mathrm{d}z} = \rho_m g \sin\theta + f_m\frac{\rho_m v_m^2}{2D} + \rho_m v_m\frac{\mathrm{d}v_m}{\mathrm{d}z} \tag{3-9}$$

3.1.2　稳态多相压力求解方法

1. 求解方法

由于压力梯度方程函数包含了流体物性、运动参数及其有关的无因次变量，难以求其解析解。一般采用迭代法或龙格库塔法进行数值求解，将压力梯度方程的求解处理为常微方程的初值问题，即

$$\begin{cases} \dfrac{\mathrm{d}p}{\mathrm{d}z} = F(z,p) \\ p(z_0) = p_0 \end{cases} \tag{3-10}$$

由已知起点(井口或井底)处的压力 p_0 构成初值条件。这类常微分方程的初值问题可采用具有较高精度的四阶龙格库塔法进行数值求解。

对 z 取步长 h，由已知的初值 (z_0, p_0) 和函数 $F(z, p)$ 计算以下数值：

$k_1 = F(z_0, p_0)$；

$k_2 = F\left(z_0 + \dfrac{h}{2}, p_0 + \dfrac{h}{2}k_1\right)$；

$k_3 = F\left(z_0 + \dfrac{h}{2}, p_0 + \dfrac{h}{2}k_2\right)$；

$k_4 = F(z_0 + h, p_0 + hk_3)$。

在节点 $z_1 = z_0 + h$ 处的压力值为

$$p_1 = p_0 + \Delta p = p_0 + \frac{h}{6}(k_1 + 2k_2 + 2k_3 + k_4) \tag{3-11}$$

若 z_1 未达到预计终点位置 L，再将算出的这对值 (z_1, p_1) 作为下步计算的初始值继续上述计算。如此连续向前推算直到预计的终点为止。便可算得沿程的压力分布。

计算压力梯度函数 $F(z, p)$ 的基本步骤如下：

(1)确定位置 z 截面处的流动温度 T。通常简化为沿井深直线分布，对于井筒温度计算要求较高(如预测油井结蜡)的情况，应考虑井筒传热效应，井筒溢度分布 $T(z)$ 可按 1.4 所述方法计算；

(2)选用合适的物性相关式，调用 PVT 模块计算 T、p 条件下相关流体物性参数；

(3)计算气、液相的体积流量 q_G、q_L；

(4)计算气、液相的表观流速 v_{SG}、v_{SL} 和混合物速度 v_m；

(5)选用的相关式判别流型计算持液率 H_L 和混合物密度 ρ_m；

(6)计算相应流型下的摩阻系数 f_m；

(7)计算压力梯度方程的函数 $\mathrm{d}p/\mathrm{d}z$，即 $F(z, p)$。

上述解法的节点步长 h 的大小所产生的误差主要受压力和气液比的影响。可采用变步长，这样既能保证求解精度，又能减少节点数，提高计算速度。

2. 具体求解步骤

考虑气相的压缩性仅随压力变化，混合物流速梯度可简化为

$$\frac{\mathrm{d}v_m}{\mathrm{d}z} \approx \frac{\mathrm{d}v_{SG}}{\mathrm{d}z} = -\frac{v_{SG}}{\rho_G}\frac{\mathrm{d}\rho_G}{\mathrm{d}z} = -\frac{v_{SG}}{p}\frac{\mathrm{d}p}{\mathrm{d}z} \tag{3-12}$$

因此，动能压力梯度可表示为

$$\rho_m v_m \frac{\mathrm{d}v_m}{\mathrm{d}z} = -\frac{\rho_m v_m v_{SG}}{p}\frac{\mathrm{d}p}{\mathrm{d}z} = -\frac{W_m q_G}{A^2 p}\frac{\mathrm{d}p}{\mathrm{d}z} \tag{3-13}$$

式中：W_m 为混合物质量流量，kg/s。

考虑根据井口压力计算井底流压(以井口作为计算起点 $z = 0$)，即坐标 z 向下为正与油井流体的流向相反，则总压力梯度为正值，即

$$\frac{\mathrm{d}p}{\mathrm{d}z} = \frac{\rho_m g + \tau_f}{1 - W_m q_G/(A^2 p)} \tag{3-14}$$

混合物质量流量可表示为油、气、水质软流量之和。

$$W_m = q_{ose} m_t \tag{3-15}$$

式中：q_{ose} 为地面脱气原油体积流量，m^3/s；m_t 为伴随生产 $1\mathrm{m}^3$ 地面脱气原油产出的油、气和水的总质量，kg/m^3。

对于稳定流动 m_t 为常数：

$$m_t = \rho_{ose} + \rho_{gse} + \rho_{wse}(\mathrm{WOR}) \tag{3-16}$$

式中：ρ_{ose} 为标准状态下地面脱气原油密度（$=1000\gamma_o$），kg/m^3；ρ_{wse} 为标准状态下地层水密度（$=1000\gamma_w$），kg/m^3；ρ_{gse} 为标准状态下天然气密度（$=1.2\gamma_g$），kg/m^3；γ_o、γ_g、γ_w 为原油、天然气、地层水相对密度；R_p 为生产气油比（产气量与产油量之比），$\mathrm{m}^3/\mathrm{m}^3$；WOR 为生产水油比（产水量与产油量之比），$\mathrm{m}^3/\mathrm{m}^3$。

在 p 和 T 下气体体积流量为

$$q_G = q_{ose}(R_p - R_s)B_g \tag{3-17}$$

式中：R_s 为原油溶解气油比，$\mathrm{m}^3/\mathrm{m}^3$；$B_g$ 为天然气体积系数。

1）泡状流

$$\rho_m = H_L \rho_L + H_G \rho_G = (1 - H_G)\rho_L + H_G \rho_G \tag{3-18}$$

空隙率 H_G 与滑脱速度 v_S 有关。滑脱速度表示为气相速度和液相速度之差。

$$v_S = v_G - v_L = \frac{v_{SG}}{H_G} - \frac{v_{SL}}{1 - H_G} = \frac{q_G}{AH_G} - \frac{q_m - q_G}{A(1 - H_G)} \tag{3-19}$$

式中：v_G、v_L 为气相、液相速度，m/s。

由上式(3-19)解得

$$H_G = \frac{1}{2}\left[1 + \frac{q_m}{v_S A} - \sqrt{\left(1 + \frac{q_m}{v_S A}\right)^2 - 4\frac{q_G}{v_S A}}\,\right] \tag{3-20}$$

试验表明，泡状流中的滑脱速度 v_S 的平均值可取 $0.244\mathrm{m}/\mathrm{s}$。

泡状流中气体以小气泡分布于液体中，靠近管壁主要是液体。其摩阻压力梯度按液相计算。

$$\tau_f = f\frac{\rho_L v_L^2}{2D} = f\frac{\rho_L}{2D}\left(\frac{v_{SL}}{1 - H_G}\right)^2 \tag{3-21}$$

式中：f 为单相流摩阻系数，是管壁相对粗糙度 e/D 和液相雷诺数 Re 的函数，可用 Mood 图查得。

$$Re = \rho_L D v_L/\mu_L \tag{3-22}$$

式中：μ_L 为在 p、T 下的液体黏度，可表示为 $\mu_L = \mu_w f_w + \mu_0(1 - f_w)$，$\mathrm{Pa}\cdot\mathrm{s}$；油水混合物在未乳化情况下，可取其体积加权平均值。

对于普通新油管，其管壁绝对粗糙度可取 $e=0.01527\mathrm{mm}(0.0006\mathrm{in})$。实际

取值应考虑油管腐蚀和结垢情况。

也可用 Jain(1976)公式计算 f，此式用于紊流流态($Re > 2300$)

$$f = \left[1.14 - 2\lg\left(\frac{e}{D} + \frac{21.25}{Re^{0.9}}\right) \right]^{-2} \tag{3-23}$$

对于层流($Re \leqslant 2300$)

$$f = 64/Re \tag{3-24}$$

2)段塞流

Orkiszewski 研究发现，Grifith&Wallis 混合物密度公式仅适用于段塞流中流量较低的情况，故在式(3-25)中引入了液相分布系数 C_0 以拓宽其适用范围。

$$\rho_m = \frac{W_m + \rho_L v_b A}{q_m + v_b A} + C_0 \rho_m \tag{3-25}$$

其中，v_b 为气泡相对于液相得上升速度，m/s。用 Griffith&Wallis 公式计算：

$$v_b = C_1 C_2 \sqrt{gD}$$

其中系数 C_1 根据气泡雷诺数 Re_b 确定：

$$Re_b = \rho_L D v_b / \mu_L$$

系数 C_2 根据雷诺数 Re_b 和总流速雷诺数 Re' 确定：

$$Re' = \rho_L D v_m / \mu_L$$

因为确定系数 C_1 及 C_2 时要用到 Re_b，而 Re_b 又与未知 v_b 有关。所以需先假设 v_b 值，求得 C_1 及 C_2 后，再计算 v_b 值，采取迭代法重复计算直到假设值与计算值接近为止。v_b 值也可以根据不同的 Re_b 值用下式计算。

当 $Re_b \leqslant 3000$

$$v_b = (0.546 + 8.74 \times 10^{-6} Re') \sqrt{gD} \tag{3-26}$$

当 $3000 < Re_b < 8000$

$$v_b = \frac{1}{2} \left[v_{bi} + \sqrt{v_{bi}^2 + \frac{11170\mu_L}{\rho_L \sqrt{D}}} \right] \tag{3-27}$$

$$v_{bi} = (0.251 + 8.74 \times 10^{-6} Re') \sqrt{gD} \tag{3-28}$$

当 $Re_b \geqslant 8000$

$$v_b = (0.35 + 8.74 \times 10^{-6} Re') \sqrt{gD} \tag{3-29}$$

液相分布系数 C_0 由连续液相的类型及混合物速度 v_m 确定，根据四种情况选用相应的公式。

$$C_0 = \frac{0.00252\lg(10^3 \mu_L)}{D^{1.38}} - 0.782 + 0.232\lg v_m - 0.428\lg D \tag{3-30}$$

$$C_0 = \frac{0.0174\lg(10^3 \mu_L)}{D^{0.799}} - 1.251 - 0.162\lg v_m - 0.888\lg D \tag{3-31}$$

$$C_0 = \frac{0.00236\lg(10^3 \mu_L + 1)}{D^{1.415}} - 1.140 + 0.167\lg v_m + 0.113\lg D \tag{3-32}$$

$$C_0 = \frac{0.00537 \lg(10^3 \mu_L + 1)}{D^{1.371}} + 0.455 + 0.113 \lg D$$

$$- (\lg v_m + 0.516) \left[\frac{0.0016 \lg(10^3 \mu_L + 1)}{D^{1.571}} + 0.722 + 0.63 \lg D \right] \tag{3-33}$$

为了保证各流型之间压力变化的连续性，对液相分布系数 C_0 有以下要求。

当 $v_m < 3.048 \text{m/s}$

$$C_0 \geqslant -0.2132 v_m \tag{3-34}$$

当 $v_m > 3.048 \text{m/s}$

$$C_0 \geqslant -\frac{-v_b A}{q_m + v_b A} \left(1 - \frac{\rho_m}{\rho_L} \right) \tag{3-35}$$

段塞流摩阻压力梯度

$$\tau_f = \frac{f \rho_L v_m^2}{2D} \left(\frac{q_L + v_b A}{q_m + v_b A} + C_0 \right) \tag{3-36}$$

式中：f 为单相流体摩阻系数，根据管壁相对粗糙度 e/D 和总流速雷诺数 Re' 计算。

3）过渡流

先按段塞流和环雾流分别计算，然后用以下二式按线性内插法确定过渡流相应 ρ_m 和 τ_f。

$$\rho_m = \frac{L_M - N_{GV}}{L_M - L_S} (\rho_m)s + \frac{N_{GV} - L_S}{L_M - L_S} (\rho_m)M \tag{3-37}$$

$$\tau_f = \frac{L_M - N_{GV}}{L_M - L_S} (\tau_f)s + \frac{N_{GV} - L_S}{L_M - L_S} (\tau_f)M \tag{3-38}$$

式中：$(\rho_m)s$、$(\rho_m)M$ 为段塞流、环雾流时的混合物的密度，kg/m^3；$(\tau_f)s$、$(\tau_f)M$ 为段塞流、环雾流时的摩阻损失梯度，Pa/m；L_S 为段塞流界限参数；L_M 为环雾流界限参数；N_{GV} 为无因次气相速度。

4）环雾流

混合物平均密度

$$\rho_m = (1 - H_G) \rho_L + H_G \rho_G \tag{3-39}$$

环雾流一般发生在高气液比、高流速条件下，液相以小液滴形式分散在气柱中呈雾状，这种高速气流携液能力强，其滑脱速度甚小，一般可忽略不计，故

$$H_G = \frac{q_G}{q_L + q_G} \tag{3-40}$$

环雾流的摩阻压力梯度则按连续气相计算：

$$\tau_f = f \frac{\rho_G v_{SG}^2}{2D} \tag{3-41}$$

雷诺数为

$$Re_g = D v_{SG} \rho_G / \mu_g \tag{3-42}$$

环雾流时液膜相对粗糙度一般在 0.001~0.5，需根据无因次量 N_W 值按以下公式计算：

$$N_W = \left(\frac{v_{SG}\mu_L}{\sigma}\right)^2 \frac{\rho_G}{\rho_L} \tag{3-43}$$

当 $N_W \leqslant 0.005$

$$\frac{e}{D} = \frac{34\sigma}{\rho_G v_{SG}^2 D} \tag{3-44}$$

当 $N_W > 0.005$

$$\frac{e}{D} = \frac{174.8\sigma N_W^{0.302}}{\rho_G v_{SG}^2 D} \tag{3-45}$$

3.2 瞬态多相流动计算方法

在钻井中，油、气、水及钻屑易侵入井筒，由于相界面相互作用、气相漂移、气液密度及黏度物性差异等因素的影响，使波动压力理论在多相流动中的研究极其复杂。波动压力的求解，除了准确定义边界条件外，多相流动的空隙率、稳态压力变化及压力波速等参数也是关键[78]。

3.2.1 井筒多相流基本方程

钻井液中含有黏土、岩屑等固相物质，存在游离状态气体。由于钻井液中固相颗粒较细，且在液相中均匀分布，可视为伪均质流。溢流油-气-水与钻井液一起构成井筒多相流。图 3-1 示出了环空油-气-水-钻井液流动中流体组成图，如果井底溢流流体为气或气-水或气-油或气-水-油，其余组分按 0 含率处理即可。

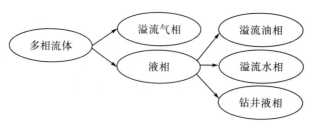

图 3-1 油-气-水-钻井液流动中流体组成图

1. 质量方程及连续方程

在环空流道中任取一微元控制体，微元控制体长度为 Δs，如图 3-2 所示，为建立环空瞬态气液两相模型，做如下假设条件：

(1)气液两相无质量交换；

(2)气液两相沿井筒一维流动；

(3)考虑气相的溶解度、压缩性及滑脱性。

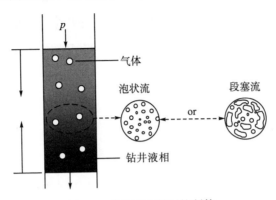

图 3-2　有效环空微元控制体

在 t 时刻多相流流场中任取一流体团作为系统的研究对象，取控制体与 t 时刻的系统边界相重合，经过 dt 时间后，流体系统流动到一个新的位置，则在微小时段 dt 内系统中属性为 N 的物理量的增量可表示为

$$N(t+dt) - N(t)$$

$$= \sum_{k=1}^{n} \Big[\Big(\iiint_{V2} \xi\rho_k\phi_k \mathrm{d}v + \iiint_{V3} \xi\rho_k\phi_k \mathrm{d}v \Big)_{t+dt} - \Big(\iiint_{V2} \xi\rho_k\phi_k \mathrm{d}v \Big)_t \Big]$$

$$= \sum_{k=1}^{n} \Big[\Big(\iiint_{V1} \xi\rho_k\phi_k \mathrm{d}v + \iiint_{V2} \xi\rho_k\phi_k \mathrm{d}v \Big)_{t+dt} - \Big(\iiint_{V2} \xi\rho_k\phi_k \mathrm{d}v \Big)_t \qquad (3\text{-}46)$$

$$+ \Big(\iiint_{V3} \xi\rho_k\phi_k \mathrm{d}v \Big)_{t+dt} - \Big(\iiint_{V1} \xi\rho_k\phi_k \mathrm{d}v \Big)_{t+dt} \Big]$$

整理得

$$\frac{\mathrm{d}N}{\mathrm{d}t} = \sum_{k=1}^{n} \Big[\frac{\partial}{\partial t}\Big(\iiint_{cv} \xi\rho_k\phi_k \mathrm{d}v + \iint_{cs} \xi\rho_k\phi_k \vec{v}\cdot\vec{n}\mathrm{d}A \Big) \Big] \qquad (3\text{-}47)$$

1)质量守恒方程

根据系统质量随时间的变化率恒等于零，即

$$\frac{\mathrm{d}m}{\mathrm{d}t} = 0 \qquad (3\text{-}48)$$

根据上式(3-48)可求解环空中多相流动的质量守恒方程为

$$\sum_{k=1}^{n} \iiint_{cv} \Big[\frac{\partial}{\partial t}(\rho_k\phi_k) + \nabla(\rho_k\phi_k\vec{v}) \Big]\mathrm{d}v = 0 \qquad (3\text{-}49)$$

整理可得

$$\frac{\partial\rho_m}{\partial t} + \nabla(\rho_m\vec{v}_m) = 0 \qquad (3\text{-}50)$$

可得到油-气-钻井液多相流动连续方程为

$$\frac{\partial(A\sum_k \rho_k\phi_k)}{\partial t} + \frac{\partial(A\sum_k \rho_k\phi_k v_k)}{\partial s} = 0 \tag{3-51}$$

式中：A 为环空截面积，m^2；ρ_k 为油/气/钻井液相密度，kg/m^3；ϕ_k 为油/气/钻井液相的体积分数；v_k 为油/气/钻井液相速度，m/s；k 为油/气/钻井液相；t 为时间，s；s 为长度，m。

2）动量守恒方程

$$\frac{d}{dt}(m\vec{v_k}) = \sum \vec{F} \tag{3-52}$$

定义 $\mathbf{N} = m\vec{v}$，$\xi = m\vec{v}/m = \vec{v}$，代入式（3-47）可得

$$\sum_{k=1}^{n} \iiint_{cv} \left[\frac{\partial}{\partial t}(\rho_k\phi_k\vec{v_k}) + \nabla(\rho_k\phi_k\vec{v_k}\vec{v_k}) \right]dv = \sum \vec{F} \tag{3-53}$$

合外力由体力和面力组成，可表示为

$$\sum_{k=1}^{n} \iiint_{cv} \left[\frac{\partial}{\partial t}(\rho_k\phi_k\vec{f}) + \nabla(\phi_k\mathbf{T_k}) \right]dv = \sum \vec{F} \tag{3-54}$$

式中：f 为单位质量力，N；$\mathbf{T_k}$ 为二阶张力。

$\mathbf{T_k}$ 可表示为如下矩阵形式：

$$\mathbf{T_k} = \begin{bmatrix} p_{xx} & p_{xy} & p_{xz} \\ p_{yx} & p_{yy} & p_{yz} \\ p_{zx} & p_{zy} & p_{zz} \end{bmatrix}$$

将动量守恒方程代入 $\mathbf{T_k}$ 后得

$$\sum_{k=1}^{n} \iiint_{cv} \left[\frac{\partial}{\partial t}(\rho_k\phi_k\vec{v_k}) + \nabla(\rho_k\phi_k\vec{v_k}\vec{v_k}) + \rho_k\phi_k\vec{f} + \nabla(E_k\mathbf{T_k}) \right]dv = 0$$

$$\tag{3-55}$$

相动量守恒为

$$\frac{\partial}{\partial t}(\rho_k\phi_k\vec{v_k}) + \nabla(\rho_k\phi_k\vec{v_k}\vec{v_k}) + \rho_k\phi_k\vec{f} + \nabla(E_k\mathbf{T_k}) = 0 \tag{3-56}$$

油-气-钻井液多相流动的动量守恒为

$$\frac{\partial(A\sum_k \rho_k\phi_k v_k)}{\partial t} + \frac{\partial(A\sum_k \rho_k\phi_k v_k^2)}{\partial s} + Ag\sum_k \rho_k\phi_k + \frac{\partial(Ap)}{\partial s} + Ap_f = 0$$

$$\tag{3-57}$$

式中：g 为重力加速度，m/s^2；p_f 为摩阻梯度；p 为压力，N。

2. 多相流辅助方程

在环空中，气体符合 Redlich-Kwong 状态方程：

$$p = \frac{RT}{V-b} - \frac{a}{T^{0.5}V(V+b)} \tag{3-58}$$

混相气体组分参数：

$$a = \left(\sum y_i a_i^{0.5}\right)^2, \quad b = \sum y_i b_i \tag{3-59}$$

式中：a_i 为组分 i 的 a 值，$a_i = \Omega_a R^2 T_c^{2.5}/p_c$；$b_i$ 为组分 i 的 b 值，$b_i = \Omega_b R T_c/p_c$；T 为流体温度，K；R 为气体常数，$J/(mol \cdot K)$；Ω_a 为 0.42748；Ω_b 为 0.08664；V 为酸性气体体积，m^3；y_i 为组分的摩尔分数；T_c 为临界温度，K；p_c 为临界压力，Pa。

假设气体在钻井液中溶解或溢出均瞬时完成，气体溶解度方程为

$$R_s = 0.021\gamma_{gs}\left[(p + 0.1757)\, 10^{(1.7688/\gamma_{os} - 0.001638T)}\right]^{1.205} \tag{3-60}$$

式中：r_{os}、r_{gs} 为标况下油、气的相对密度，无量纲；R_s 为气体溶解度，m^3/m^3。

油相体积系数可以表示为

$$B_o = 0.976 + 0.00012\left[5.612\left(\frac{\gamma_{gs}}{\gamma_{os}}\right)^{0.5} R_s + 2.25T + 40\right]^{1.2} \tag{3-61}$$

式中：B_o 为油相体积系数。

3. 多相流流动形态判别

由于井筒多相流的流型十分复杂，流型图通常是定性分析，大致反映出可能存在的流型，而不可能明确给出对于某一特定条件下井筒内的实际流型，本章采用如下的流型划分方法。

1）泡状流向弹状流转变

泡状流中气相速度增加，则管内气泡浓度增大，当达到一定程度，小气泡将凝聚生成接近管径的大气泡并转化为弹状流，流型这一变化一般发生在空隙率 $\phi = 0.20 \sim 0.25$，将产生流型的空隙率取 $\phi = 0.25$，气泡流向弹状流过渡的判断准则为

$$v_{ls} < 3.0 v_{gs} - 1.15\left[\frac{g\sigma(\rho_l - \rho_g)}{\rho_l^2}\right]^{0.25} \tag{3-62}$$

式中：v_{gs} 为气相表观速度，m/s；v_{ls} 为液相表观速度，m/s；g 为重力加速度，m/s^2；σ 为表面张力，N/m；ρ_g 为气相密度，kg/m^3；ρ_l 为液相密度，kg/m^3。

将流型过渡点的空隙率定为 $\phi = 0.30$，则判断准则为

$$v_{ls} < 2.333 v_{gs} - 1.071\left[\frac{g\sigma(\rho_l - \rho_g)}{\rho_l^2}\right]^{0.25} \tag{3-63}$$

2）弹状流向环状流转变

在两个弹状气泡之间液弹因太短而不能形成稳定的液相段，液体时而上升、时而下降流动。当液膜流入下一个液弹时，会有强烈扰动，使该液弹裂变，呈现一种混乱状态，随流体向上流动，被搅乱的液体将并入后续液弹，并重复上述过

程，随着这一过程的继续，被搅乱的液相段长度不断增加，直至形成能稳定间隔两个大弹状气泡的环状流。弹状流向环状流的转变可以由产生环状流所需的入口管道长度 L'_s 表示：

$$L'_s = \frac{L_s v_g}{0.35b \sqrt{gd}} = \sum_{n=2}^{\infty} \left[e^{\frac{b}{2n}} - 1 \right] \tag{3-64}$$

式中：L_s 为能稳定地间隔两个大弹状气泡环状流段长度，m；b 为液弹裂变率，为常数；v_g 为气相速度，m/s；e 值为 2.718；d 为气泡直径，m。

弹状流中气泡的运动速度可表示为

$$v_g = 1.143(v_{gs} + v_{ls}) + 0.25 \sqrt{gd} \tag{3-65}$$

式中：v_{gs} 为气相表观速度，m/s；v_{ls} 为液相表观速度，m/s。

通过分析，可取 $L_s = 16d$，$b = \ln 100 = 4.6$，整理为

$$L_s = 40.6d \left(\frac{v_{gs} + v_{ls}}{\sqrt{gd}} + 0.22 \right) \tag{3-66}$$

当液相段内的空隙率 ϕ 达到气泡-弹状流段内的平均空隙率 ϕ_m 时，即

$$\phi \geqslant \phi_m \tag{3-67}$$

式中：ϕ 为气泡空隙率；ϕ_m 为气泡-弹状流段内的平均空隙率。

局部空隙率 α_m 可通过求解分相动量平衡方程或由其他方法获得。管内流型将发生从弹状流向环状流过渡，α_m 可根据泰勒气泡周围的气化条件求得

$$\alpha_m = 1.0813 \times \left[\frac{0.2(1 - \rho_g/\rho_l)^{0.5}(v_{gs} + v_{ls}) + 0.35 \left(\frac{gd(\rho_l - \rho_g)}{\rho_l} \right)^{0.5}}{(v_{gs} + v_{ls}) + 0.75 \left(\frac{gd(\rho_l - \rho_g)}{\rho_l} \right)^{0.5} \left(\frac{gd(\rho_l - \rho_g)}{\rho_l v_l^2} \right)^{\frac{1}{16}}} \right] \tag{3-68}$$

3）环状流向环雾流转变

当弹状流中弹状气泡长度 L_s 趋向无穷大时，弹状流向环雾流转变，弹状气泡的周期 T 为

$$T = \frac{L_g + L_l}{v_{gs} + v_{ls} + v_b} \tag{3-69}$$

式中：L_g 为弹状气泡长度，m；L_l 为液相流体长度，m。

弹状气泡的气相容积流量 q_{mg} 为

$$q_{mg} = \frac{\pi}{4} d^2 v_{gs} = \frac{v_b}{T} \tag{3-70}$$

式中：v_b 为弹状气泡的相对上升速度，m/s。

一个弹状气泡的容积 V_b 在 $2 < L_g/d < 20$ 的范围内，可表示为

$$V_b = \frac{\pi}{4} d^2 (0.913L_g - 0.526d) \tag{3-71}$$

可得弹状气泡的长度 L_g 为

$$L_g = \frac{v_g L_l + 0.526 d \left(v_{gs} + v_{ls} + 0.35 \sqrt{gd} \right)}{0.913 \left(v_{gs} + v_{ls} + 0.35 \sqrt{gd} \right) - v_{gs}} \tag{3-72}$$

当弹状气泡长度 $L_g \to \infty$ 时，上式分母等于零，因此可得弹状流转变为环雾流的条件为

$$v_{gs} = 4.02 \sqrt{gd} + 11.5 v_{ls} \tag{3-73}$$

4. 各流型流动参数

1) 泡状流参数特性

气体空隙率为

$$\phi_g = \frac{v_{sg}}{s_g \left(v_{so} + v_{sg} + v_{sw} + v_{sm} \right) + v_{gr}} \tag{3-74}$$

气相分配系数 s_g 为

$$s_g = 1.20 + 0.371 \left(\frac{D_i}{D_o} \right) \tag{3-75}$$

式中，D_i 为管柱套管内径，m；D_o 为钻柱外径，m。

这里：

$$v_{gr} = 1.53 \left[\frac{g \sigma_{gl} \left(\rho_l - \rho_g \right)}{\rho_l^2} \right]^{0.25}$$

油-气-水-钻井液的混合密度为

$$\rho_m = \phi_l \rho_l + \phi_g \rho_g \tag{3-76}$$

油相含量为

$$\phi_o = \frac{(1 - \phi_g) v_{so}}{s_o \left(v_{so} + v_{sw} + v_{sm} \right) + (1 - \phi_g) v_{or}} \tag{3-77}$$

式中：v_{so} 为油相滑脱速度，m/s；v_{sw} 为水相滑脱速度，m/s；v_{sm} 为钻井液相滑脱速度，m/s；s_o 为分配系数，可近似为 1.05。

参数 v_{or} 为

$$v_{or} = 1.53 \left[\frac{g \sigma_{wo} - \rho_o}{\rho_{wb}^2} \right]^2 \tag{3-78}$$

参数 ρ_{wb} 为

$$\rho_{wb} = \phi_w \rho_w + \phi_m \rho_m \tag{3-79}$$

水相空隙率表示为

$$\phi_w = \frac{(1 - \phi_g - \phi_o) v_{sw}}{v_{sw} + v_{sm}} \tag{3-80}$$

钻井液持液率表示为

$$\phi_m = 1 - \phi_g - \phi_o - \phi_w \tag{3-81}$$

由于水和钻井液相的物理性质相近，可处理为

$$v_w = v_m = v_{wb} \tag{3-82}$$

液相对管壁的摩阻梯度表示为

$$\tau_f = f \frac{\rho_l v_l^2}{2D}$$ (3-83)

式中：f 为摩阻系数；D 为有效环空直径，m。

2) 弹状流参数特性

气相分配系数 s_g 为

$$s_g = 1.182 + 0.9\left(\frac{D_i}{D_o}\right)$$ (3-84)

气体滑脱速度可表示为

$$v_{gr} = \left(0.35 + 0.1\frac{D_i}{D_o}\right)\left[\frac{gD_o(\rho_l - \rho_g)}{\rho_l}\right]^{0.5}$$ (3-85)

3) 环状流及环雾流参数特性

气体空隙率被定义为

$$\phi_g = (1 + x^{0.8})^{-0.378}$$ (3-86)

x 被定义为

$$x = \sqrt{(\mathrm{d}p/\mathrm{d}s_l)_{fr}/(\mathrm{d}p/\mathrm{d}s_g)_{fr}}$$ (3-87)

油相含量被定义为

$$\phi_o = \frac{(1 - \phi_g)v_{so}}{v_{so} + v_{sw} + v_{sm}}$$ (3-88)

水相持液率被定义为

$$\phi_w = \frac{(1 - \phi_g)v_{sw}}{v_{so} + v_{sw} + v_{sm}}$$ (3-89)

钻井液持液率被定义为

$$\phi_m = 1 - \phi_g - \phi_o - \phi_w$$ (3-90)

3.2.2 地层溢流判断及动态模型

1. 地层溢流动态模型

钻井过程中，当钻进至油气藏产层时，如果油气层压力过高，或钻井液密度偏小，使得地层压力大于井筒内钻井液压力，产生一个正的生产压差，就可能导致油气流体从地层流入井筒，形成溢流。溢流的形成及发展受多种因素影响，其主要影响因素有：地层压力和井筒压力差、发生溢流的有效地层厚度、溢流段上井壁泥饼厚度和渗流特性、钻井液物性、地层岩石孔渗饱特性及地层流体高压物性等，为建立流体流动模型，作以下假设条件：

(1)地层中的流体服从达西定律；

(2)地层流体按黑油模型考虑；

（3）考虑边界按无穷大。

气相质量守恒方程为

$$\nabla \cdot \left[\frac{KK_{rg}}{B_g\mu_g}(\nabla p_g - g\rho_g\,\nabla D) + \frac{KK_{rg}R_s}{B_g\mu_g}\right] + \frac{q_g}{\rho_{gs}} = \frac{\partial}{\partial t}\left[\vartheta\left(\frac{s_g}{B_g} + \frac{s_o}{B_o}R_s\right)\right]$$

（3-91）

油相质量守恒方程为

$$\nabla \cdot \left[\frac{KK_{ro}}{B_o\mu_o}(\nabla p_o - g\rho_o\,\nabla D)\right] + \frac{q_o}{\rho_{os}} = \frac{\partial}{\partial t}\left(\frac{\vartheta s_o}{B_o}\right)$$

（3-92）

水相质量守恒方程为

$$\nabla \cdot \left[\frac{KK_{rw}}{B_w\mu_w}(\nabla p_w - g\rho_w\,\nabla D)\right] + \frac{q_w}{\rho_w} = \frac{\partial}{\partial t}\left(\frac{s_w}{B_w}\right)$$

（3-93）

约束方程为

$$\begin{cases} s_g + s_o + s_w = 1 \\ p_{cgo} = p_g - p_o, p_{cow} = p_o - p_w, p_{cgw} = p_g - p_w \end{cases}$$

（3-94）

式中：s_w 为水相流体饱和度；s_o 为油相流体饱和度；s_g 为气相流体饱和度；p_w 为水相流体压力，N；p_o 为油相流体压力，N；p_g 为气相流体压力，N；B_k 为第 k 相流体体积系数；B_w 为水相流体体积系数；B_o 为油相流体体积系数；B_g 为气相流体体积系数；K 为渗透率，md；K_{rw} 为水 k 相流体相对渗透率，md；K_{ro} 为油相流体相对渗透率，md；K_{rg} 为气相流体相对渗透率，md；ϑ 为地层孔隙率；q_k 为汇流量 m³/s；R_s 为气体溶解度，m³/m³；μ_w 为水 k 相流体黏度，Pa·s；μ_o 为油 k 相流体黏度，Pa·s；μ_g 为气相流体黏度，Pa·s。

2. 判断准则求解

重力置换气侵指地层中气体与环空中钻井液在相间密度差的作用下，地层气体侵入环空，环空中的钻井液侵入地层发生置换的过程。溢流气侵指当钻头钻遇含气地层时，由于存在井底压差，使地层气体侵入环空的过程[79]。

重力置换可看作恒定的小气侵量，采取的控压策略是利用回压弥补环空中气体滑脱产生的压差；而气侵的控制要大幅调节回压控制井底压差，同时微调回压控制气体的滑脱压差。重力置换发生时，侵入井筒的气量多少不仅与地层特性、钻井液性能有关，也与钻井液同地层接触时间有关。当钻井液性质一定，重力置换的气体量不随回压的变化发生明显改变，而溢流气侵的气量随回压发生明显变化。根据井底溢流量、环空运移特性、井口流量及节流阀回压控制特性，基于数学微分理论建立了以下 3 种工况下的判断准则。

表 3-1 为有井下监测工具的判断准则。当井底监测到溢流气侵发生时，采用增大回压的方法抑制溢流气侵的出现。从发现井底气侵，到控制井底气侵的过程中，环空中截留一段气柱，环空流体的流动形式为：0 气流→气液两相混合流→

0 气流。而重力置换过程中，环空流体的流动形式为：0 气流→气液两相混合流，基于此建立了判断准则一。

表 3-1　有井下监测工具的判断准则一

适用条件	井口回压控制	井口气体流量变化	环空气体分布	判断结果
正常	$\mathrm{d}p_a/\mathrm{d}t=0$	$Q_g=0$	环空 0 气流	无侵入
发现	$\mathrm{d}p_a/\mathrm{d}t>0$ $\mathrm{d}^2p_a/\mathrm{d}t^2>0$	$Q_g=0$	气体沿环空向井口运移	未知
	$\mathrm{d}^2p_a/\mathrm{d}t^2=0$	$Q_g>0$	气体顶端到达井口	
控制	$\mathrm{d}p_a/\mathrm{d}t<0$	$Q_g>0$ $\mathrm{d}Q_g/\mathrm{d}t<0$	气体循环出井口	气侵
		$Q_g>0$ $\mathrm{d}Q_g/\mathrm{d}t=0$		置换
	$\mathrm{d}p_a/\mathrm{d}t=0$	$Q_g>0$ $\mathrm{d}Q_g/\mathrm{d}t=0$	环空混合流	

表中：Q_g 为气体流量；p_a 为回压；t 为时间。

表 3-2 为无井下监测工具的判断准则。无井下监测工具时，气侵的发现通过井口的监测设备。控制措施为增大井口回压，气侵量逐渐减小，井底压力逐渐恢复平衡，井口的气体流量逐渐减小。当井底发生重力置换时，井口气侵量基本为常量，基于此建立了判断准则二。

表 3-2　无井下监测工具的判断准则二

适用条件	井口回压控制	井口气体流量变化	环空气体分布	判断结果
正常	$\mathrm{d}p_a/\mathrm{d}t=0$	$Q_g=0$	环空 0 气流	无侵入
控制	$\mathrm{d}p_a/\mathrm{d}t>0$	$Q_g>0$ $\mathrm{d}Q_g/\mathrm{d}t<0$	气体循环出井口	气侵
		$Q_g>0$ $\mathrm{d}Q_g/\mathrm{d}t=0$		置换
	$\mathrm{d}p_a/\mathrm{d}t=0$	$Q_g>0$ $\mathrm{d}Q_g/\mathrm{d}t=0$	环空混合流	

表 3-3 为回压无控制的判断准则。当井底出现气侵/重力置换不采取任何措施时，溢流气侵的特征为：井底压力逐渐减小，最后可能导致井喷。重力置换的特征为：井口气体量基本保持恒定。基于此建立了判断准则三。

表 3-3　回压无控制的判断准则三

适用条件	井口回压控制	井口气体流量变化	环空气体分布	判断结果
正常	$dp_a/dt=0$	$Q_g=0$	环空 0 气流	无侵入
无控制	$dp_a/dt=0$	$Q_g>0$ $dQ_g/dt>0$	环空混合流	气侵
		$Q_g>0$ $dQ_g/dt=0$		置换

判断准则求解步骤为：①参数监测→②计算井口回压→③继续监测参数→④启动重力置换判断准则。步骤①及③通过监测设备得到，井口的流量可借助气－液流量计，井口的压力借助液压传感器，井底的压力借助随钻测量工具得到。步骤②通过计算得到，通过井口及井底的气/钻井液流量、压力等边界条件，采用差分方法求解气相/钻井液相连续方程及运动方程。将环空离散为若干个网格，根据每个差分结点可得到该网格结点的压力、空隙率、速度分布系数、气体滑脱压差等参数。步骤④通过判断三准则的选用及求解方程(3-95)、(3-96)得到。

由于气液流量计监测出的流量数据易发生微小波动，使差分方法失效，必须借助数学方法对监测的气体流量及压力曲线去噪，可得平滑的压力及流量曲线，启用相应工况下的判断法则，用离散差分方法求解。判断法则中微分方程按时间差分为

$$\frac{\partial Q_g}{\partial t} \approx \frac{Q_g(t+1)-Q_g(t)}{\Delta t} \tag{3-95}$$

$$\frac{\partial p_a}{\partial t} \approx \frac{p_a(t+1)-p_a(t)}{\Delta t} \tag{3-96}$$

式中：$Q_g(t+1)$ 为 $t+1$ 时间流量，$Q_g(t)$ 为 t 时间流量，$p_a(t+1)$ 为 $t+1$ 时间回压，$p_a(t)$ 为 t 时间回压。

某井的钻井液密度为 1460kg/m³，气体相对密度为 0.65，气体黏度为 $1.14×10^{-5}$Pa·s，钻杆弹性模量为 $2.07×1011$Pa，钻杆粗糙度为 $1.54×10^{-7}$m，钻杆泊松比为 0.3，地表温度为 298K，地层梯度为 0.025℃/m。

较小的气侵量使井口气体流量变化不明显，而重力置换也产生一定气体流量，致使小气侵量与重力置换不易判断。本书为了验证判断法则的实用性，选用了较小的井底气侵量。

图 3-3～图 3-6 中 Q_g 为井口流量，L/s；a_g 为流量变化加速度，L/s²；P_a 为回压，MPa；a_p 为压力变化加速度，MPa/s²；t 为时间，min。

图 3-3 示出了溢流气侵发生时，节流阀动作过程中的气体流量变化及其对应的加速度变化规律。由于气体的侵入，环空有效压力下降，从而井底压差进一步增大，致使井底溢流气体增多，井口气体溢流速度逐渐增大。当利用节流阀回压控制气侵发生时，井底气侵量减小，导致井口气体流速减小。溢流气侵发生时间

约为 43.6min 时，气体全部循环出井口，井筒中气体空隙率为 0。溢流气侵发生后，环空中气体流动规律为：0 气流→气液混合流动→0 气流。

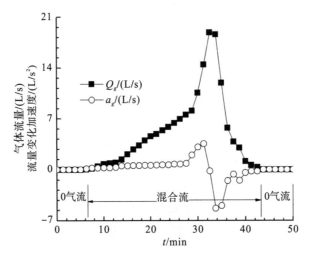

图 3-3　溢流气侵中节流阀控制对井口气体流量影响

　　图 3-4 示出了溢流气侵的发现时，控制井底气侵过程中节流阀回压的变化规律。发现气侵后，大幅度改变节流阀开度，产生一定回压平衡地层，此时环空中截留一段气体，由于气体与钻井液密度差，气体加速向井口运移，气体的加速运动产生持续增大的滑脱压降，从而节流阀回压逐渐增大，当气体到达井口后，回压达到最大，随气体的流出，回压逐渐下降，当环空 0 气流时，回压恢复平稳。溢流气侵发生后，井口回压变化规律为：稳定回压→回压增大→回压达到峰值→回压减小→稳定回压。

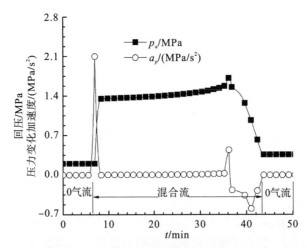

图 3-4　溢流气侵中节流阀控制对回压影响

图 3-5 示出了井底发生重力置换时，井口气体流量变化规律。由于气体重力

置换主要取决于地层的渗透率及钻井液－岩层接触面积，因此井口流速变化不明显。当持续的重力置换发生后，经过回压控制一段时间后，气体流速在井口保持平稳。对比图 3-3 及图 3-5，较易判断出气侵来源。重力置换发生后，环空中气体流动规律为：0 气流→气液混合流动。

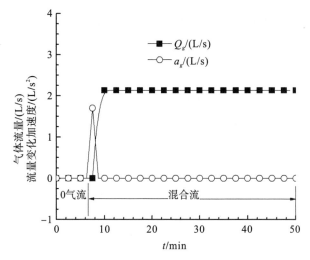

图 3-5　重力置换中节流阀控制对井口气体流量影响

图 3-6 示出了井底岩层与钻井液发生重力置换时，井口回压的变化规律。重力置换的发生，将在环空中产生一定量气体，使环空压力下降，为达到衡压钻井目的，需在井口增大回压弥补气体产生的有效压降。依据重力置换发生特性，随回压的变化，置换气体量变化较小。重力置换发生后，井口回压的变化规律为：稳定回压→回压增大→稳定回压。

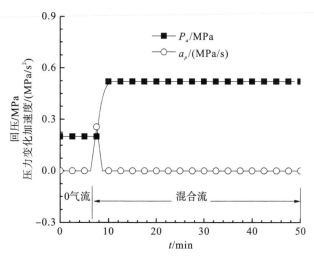

图 3-6　重力置换中节流阀控制对回压影响

3.2.3　模型的求解

1. 溢流模型求解

对于存在单相流体的储集层，可用如下的径向流动方程描述地层渗流规律：

$$\frac{\partial^2 p}{\partial r^2} + \frac{1}{r} \cdot \frac{\partial p}{\partial r} = \frac{1}{\eta} \frac{\partial p}{\partial t} \tag{3-97}$$

其中，$\eta = K/(c\vartheta\mu)$。

对渗流模型可用差分的方法求解，一阶中心差分为

$$\frac{\partial p}{\partial r} = \lim_{\Delta r \to 0} \frac{p_{i+1,t+1} - p_{i-1,t+1}}{\Delta r} \approx \frac{p_{i+1,t+1} - p_{i-1,t+1}}{2\Delta r} \tag{3-98}$$

二阶差分为

$$\frac{\partial^2 p}{\partial r^2} = \frac{p'_{i+1,t+1} - p'_{i-1,t+1}}{\Delta r} = \frac{p_{i+1,t+1} - 2p_{i,t} + p_{i-1,t}}{\Delta r^2} \tag{3-99}$$

质量守恒方程可转化为如下差分方程：

$$\frac{2r_i - \Delta r_i}{\Delta 2 r_i \Delta r_i^2} p_{i-1,t+1} - \frac{\Delta t + \partial e \Delta r_i^2}{\Delta t \Delta r_i^2} p_{i,t+1} + \frac{2r_i + \Delta r_i}{2 r_i \Delta r_i^2} p_{i+1,t+1} = -\frac{\partial e}{\Delta t} p_{i,t} \tag{3-100}$$

式中：$p_{(i,j,t=0)} = p_0 = \rho g h$；$p_{(1,j,t)} = p_0 + f_1(j-i)\frac{\Delta h}{100}$；$p_{(1,j,t)} = p_{(i-1,j,t)}$

$p_{(n7,j,t)} = p_0 + f_2(j-1)\frac{\Delta h}{100}$。

当 $t=0$ 时，a_i，b_i，c_i，d_i 可表示为

$$a_i = \frac{2r_i - \Delta r_i}{2r_i \Delta r_i^2}, b_i = \frac{\Delta t + \partial e \Delta r_i^2}{\Delta t \Delta r_i^2}, c_i = \frac{2r_i + \Delta r_i}{2r_i \Delta r_i^2}$$

$$d_i = -\frac{\partial e}{\Delta t}, \Delta r_i = r_i - r_i - 1$$

差分方程组为

$$\begin{cases} a_1 p_{0,t+1} - b_1 p_{1,t+1} + c_1 p_{2,t+1} = d_1 p_{1,t} \\ a_2 p_{1,t+1} - b_2 p_{2,t+1} + c_2 p_{3,t+1} = d_2 p_{2,t} \\ a_3 p_{2,t+1} - b_3 p_{3,t+1} + c_3 p_{4,t+1} = d_3 p_{3,t} \\ a_i p_{i-1,t+1} - b_i p_{i,t+1} + c_i p_{i+1,t+1} = d_i p_{i,t} \end{cases} \tag{3-101}$$

2. 环空多相流动模型求解

通过井口及井底的边界条件，采用有限差分的方法求解钻进气、液相连续方程及动量方程式。沿井底向井口逐个网格求解，将环空离散为 N 个网格，如图3-7所示。根据有限差分可求得每个网格点的压力、空隙率及气体滑脱速度，环

空多相流求解流程图见图 3-8 所示。

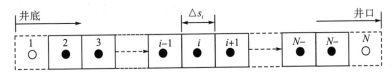

图 3-7　沿环空方向离散网格

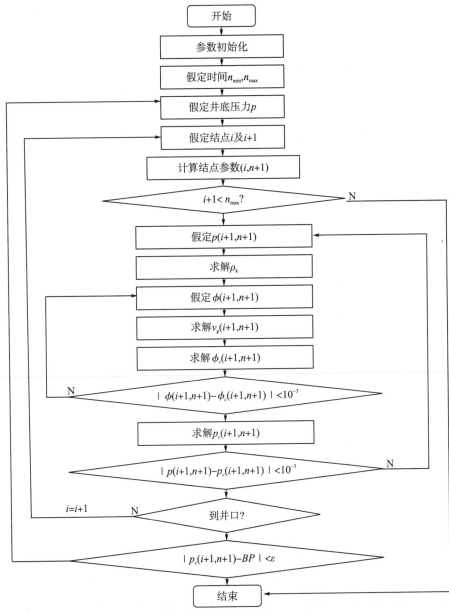

图 3-8　环空中多相流动求解流程图

沿井底向井口逐个网格求解，钻井液相连续方程差分格式如下：

$$\frac{(Av_{sm})_{i+1}^{n+1} - (Av_{sm})_i^{n+1}}{\Delta s} = \frac{(A\phi_m)_i^n + (A\phi_m)_{i+1}^n - (A\phi_m)_i^{n+1} - (A\phi_m)_{i+1}^{n+1}}{2\Delta t}$$

(3-102)

溢流油连续方程差分格式如下：

$$\frac{\left(A\frac{v_{so}}{B_o}\right)_{i+1}^{n+1} - \left(A\frac{v_{so}}{B_o}\right)_i^{n+1}}{\Delta s} = \frac{\left(A\frac{\phi_{so}}{B_o}\right)_i^n + \left(A\frac{\phi_{so}}{B_o}\right)_{i+1}^n - \left(A\frac{\phi_{so}}{B_o}\right)_i^{n+1} - \left(A\frac{\phi_{so}}{B_o}\right)_{i+1}^{n+1}}{2\Delta t}$$

(3-103)

溢流水相连续方程差分格式如下：

$$\frac{(Av_{sw})_{i+1}^{n+1} - (Av_{sw})_i^{n+1}}{\Delta s} = \frac{(A\phi_w)_i^n + (A\phi_w)_{i+1}^n - (A\phi_w)_i^{n+1} - (A\phi_w)_{i+1}^{n+1}}{2\Delta t}$$

(3-104)

考虑气相溶解度，溢流气相连续方程差分格式如下：

$$\frac{[A(\rho_g v_{sg} + \rho_{gs} R_s v_{so}/B_o)]_{i+1}^{n+1} - [A(\rho_g v_{sg} + \rho_{gs} R_s v_{so}/B_o)]_i^{n+1}}{\Delta s}$$
$$= \frac{[A(\rho_g \phi_g + \rho_{gs} R_s \phi_o/B_o)]_i^n}{2\Delta t} + \frac{[A(\rho_g \phi_g + \rho_{gs} R_s \phi_o/B_o)]_{i+1}^n}{2\Delta t} \quad (3\text{-}105)$$
$$- \frac{[A(\rho_g \phi_g + \rho_{gs} R_s \phi_o/B_o)]_i^{n+1}}{2\Delta t} - \frac{[A(\rho_g \phi_g + \rho_{gs} R_s \phi_o/B_o)]_{i+1}^{n+1}}{2\Delta t}$$

动量守恒方程差分格式如下：

$$(Ap)_{i+1}^{n+1} - (Ap)_i^{n+1} = \zeta_1 + \zeta_2 + \zeta_3 - \frac{\Delta s}{2}[(Ap_f)_i^{n+1} + (Ap_f)_{i+1}^{n+1}]$$

(3-106)

这里：

$$\zeta_1 = \frac{\Delta S}{2\Delta t} \left\{ \begin{array}{l} [A(\rho_m v_{sm} + \rho_o v_{so} + \rho_g v_{sg} + \rho_w v_{sw})]_i^n \\ + [A(\rho_m v_{sm} + \rho_o v_{so} + \rho_g v_{sg} + \rho_w v_{sw})]_{i+1}^n \\ - [A(\rho_m v_{sm} + \rho_o v_{so} + \rho_g v_{sg} + \rho_w v_{sw})]_i^{n+1} \\ - [A(\rho_m v_{sm} + \rho_o v_{so} + \rho_g v_{sg} + \rho_w v_{sw})]_{i+1}^{n+1} \end{array} \right\}$$

(3-107)

$$\zeta_2 = \left[A\left(\frac{\rho_m v_{sm}^2}{\phi_m} + \frac{\rho_g v_{sg}^2}{\phi_g} + \frac{\rho_o v_{so}^2}{\phi_o} + \frac{\rho_w v_{sw}^2}{\phi_w}\right)\right]_1^{n+1}$$
$$- \left[A\left(\frac{\rho_m v_{sm}^2}{\phi_m} + \frac{\rho_g v_{sg}^2}{\phi_g} + \frac{\rho_o v_{so}^2}{\phi_o} + \frac{\rho_w v_{sw}^2}{\phi_w}\right)\right]_{i+1}^{n+1}$$

(3-108)

$$\zeta_3 = -\frac{g\Delta s}{2} \left\{ \begin{array}{l} [A(\rho_g \phi_g + \rho_m \phi_m + \rho_o \phi_o + \rho_w \phi_w)]_i^{n+1} \\ + [A(\rho_g \phi_g + \rho_m \phi_m + \rho_o \phi_o + \rho_w \phi_w)]_{i+1}^{n+1} \end{array} \right\}$$

(3-109)

式中：v_{sm} 为钻井液相表观速度，m/s；v_{so} 为地层油相表观速度，m/s；v_{sg} 为气相表观速度，m/s。

3.3　多相流求解辅助方程

根据不同的气体种类选用不同的状态方程计算多相流动，下面列出了常用的几种状态方程。

3.3.1　气体状态方程

1974 年德兰查克、珀维斯和鲁宾逊根据本内迪克特、韦布和鲁宾提出的八参数的气体状态方程式，导出了计算天然气压缩因子的公式[80]。

$$Z = 1 + \left(0.3051 - \frac{1.0467}{T_r} - \frac{0.5783}{T_r^3} \right)\rho_r + \left(0.5353 - \frac{0.6123}{T_r} \right)\rho_r^2$$

$$+ \frac{0.06423}{T_r}\rho_r^5 + \frac{0.6816\rho_r^2}{T_r^3}(1 + 0.6845\rho_r^2)^{-0.6845\rho_r^2} \tag{3-110}$$

后来，人们在天然气压力低于 35MPa 条件下，将其简化为

$$Z = 1 + \left(0.3051 - \frac{1.0467}{T_r} - \frac{0.5783}{T_r^3} \right)\rho_r + \left(0.5353 - \frac{0.6123}{T_r} \right)\rho_r^2 \tag{3-111}$$

式中：$T_r = \dfrac{T}{T_c}$，$p_r = \dfrac{p}{p_c}$，$\rho_r = \dfrac{0.27 p_r}{Z T_r}$；$Z$ 为天然气的压缩因子，无量纲；T_r 为天然气的对比温度，无量纲；T 为天然气的热力学温度，K；T_c 为天然气的视临界温度，K；ρ_r 为天然气的对比温度，无量纲；p_r 为天然气的对比压力，无量纲；p 为天然气的压力(绝对)，kPa；p_c 为天然气的视临界压力(绝对)，kPa。

天然气的视临界温度 T_c 和 p_c，可以分别按下列公式计算：

$$T_c = a_0 + a_1\delta_{ng} \tag{3-112}$$

$$p_c = b_0 + b_1\delta_{ng} \tag{3-113}$$

其中，δ_{ng} 为天然气的相对密度；a_0、a_1、b_0、b_1 为与天然气性质有关的系数，其值见表 3-4。

表 3-4　系数 a_0、a_1、b_0、b_1 值

系数	富气(湿气)		富气(干气)	
	$\delta_{ng} < 0.7$	$\delta_{ng} \geq 0.7$	$\delta_{ng} < 0.7$	$\delta_{ng} \geq 0.7$
a_0	106	132	92	92
a_1	152.22	116.67	176.67	176.67
b_0	4778	5102	4778	4881
b_1	−248.21	−689.48	−248.21	−386.11

3.3.2　钻井液相密度方程

在 $T \leqslant 130℃$ 条件下，Хуршудов 测得钻井液密度随压力与温度变化的经验公式为

$$\rho_l = 100\rho_0(1 + 4 \times 10^{-10}p_l - 4 \times 10^{-5}T - 3 \times 10^{-6}T^2) \qquad (3\text{-}114)$$

式中：ρ_0 为标况钻井液密度，kg/m^3；p_l 为液相压力，MPa；T 为温度，K。

3.4　井筒多相流动特性分析

油气井溢流、井喷的预防及控制工作是油气钻井过程中的重要环节之一，在油气勘探开发中占有重要地位。随着地下有限油气资源的大量开采，使广大石油工作者的任务更加紧迫，要最大限度地把油气资源开采出来，对精细化井控的要求更高。精细化钻井不但减少钻井的非工作时间，更可抑制井下复杂事故的频发。

在 1968 年，美国首先将控压钻井技术应用在陆地上，随着时代的发展，控压钻井技术不断完善。2005 年，Weatherford 公司开发出了地面微流量控制系统，在路易斯安那大学实验室内的试验井模拟试验，使控压钻井技术更精细化。控压钻井技术不仅应用在陆地钻井，在北海、墨西哥湾及巴西海上的钻井中也得到了广泛应用。截至目前，全球已有约 50 个海上的控压钻井项目。2006 年，我国的塔里木油田引入了控压钻井技术，并在塔中 722、塔中 723 及轮南 633 井成功应用。2012 年 7 月，微流量控制技术应用在四川彭州马蓬的钻井中，在现场实验中更突显了节流阀套压调节的重要性，极大地发挥了控压钻井作用。

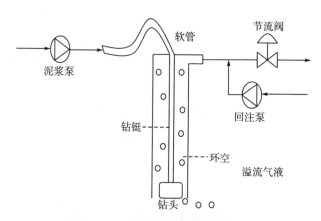

图 3-9　控压钻井水力系统示意图

控压钻井的核心技术是通过控制井口套压，从而控制井底压力，图 3-9 为控

压钻井水力系统简图。本实例以四川境内一口气井的井身结构为例,钻井时遇油、气及水多相溢流,沿环空返至地面。标况下流体性质及钻柱参数为:钻井液密度为 $1590kg/m^3$;溢流油密度为 $810kg/m^3$;管柱弹性模量为 $2.07×105MPa$;管柱泊松比为 0.3;大气压为 0.101MPa;钻井液排量为 $201.6m^3/h$;油相溢流量为 $3.6m^3/h$;气相溢流量为 $3.6m^3/h$。图 3-10~图 3-18 中:BP 为套压,MPa;P_d 为立压,MPa;T 为溢流发生时间,s;Q_o 为油相溢流量,m^3/h;Q_g 为气相溢流量,m^3/h;L_g 为气柱高度,m;H 为井深,m。

3.4.1 多相流动中溶解度特性分析

气体在油/水基钻井液中的溶解度为[81]

$$R_s = R_{so}\phi_{so} + R_{sw}\phi_{sw} \tag{3-115}$$

式中:R_s 为气体在油基钻井液中溶解度,m^3/m^3;R_{so} 为气体在油基钻井液中溶解度,m^3/m^3;ϕ_{so} 为油基钻井液含量;R_{sw} 为气体在水基钻井液中溶解度,m^3/m^3;ϕ_{sw} 为水基钻井液含量。

1. 气体在油基钻井液中的溶解度

$$R_{so} = (\frac{p}{aT^b})^n \tag{3-116}$$

CO_2 气体在钻井液中的溶解度系数 a、b 及 n 为:$a=0.059$,$b=0.7134$,$n=1$。

碳氢气体在钻井液中的溶解度系数 a、b 及 n 为:$a=1.922$,$b=0.2552$,$n=0.358+1.168r_g+(2.7-4.92r_g)×10^{-3}T-(4.51-8.198r_g)×10^{-6}T^2$。

将公制温度 t_e(℃)及压力 p_e(MPa)换算为英制:

$$T = 1.8×t_e+32, p = (p_e×10^3)/6.89$$

式中:r_g 为气体相对密度;T 为温度,℉;p 为压力,psi。

2. 气体在水基钻井液中的溶解度

CO_2 气体在水基钻井液中的溶解度系数:

$$R_{sw} = (A+Bp+Cp^2+Dp^3)B_s \tag{3-117}$$

式(3-115)中 A、B、C、D 及 B_s 的系数为

$$A = 95.08-0.93T+2.28×10^{-3}T^2$$
$$B = 0.163-4.025×10^{-4}T+2.5×10^{-7}T^2$$
$$C = -2.62×10^{-5}-5.39×10^{-8}T+5.13×10^{-10}T^2$$
$$D = 1.39×10^{-9}+5.94×10^{-12}T-3.61×10^{-14}T^2$$
$$B_s = 0.92-0.0229\phi_s$$

碳氢气体在水基钻井液中的溶解度系数为

$$R_{sw} = (A + BT + CT^2)B_s \tag{3-118}$$

式(3-118)中 A、B、C 及 B_s 的系数为：

$$A = 5.56 + 8.49 \times 10^{-3}p - 3.06 \times 10^{-7}p^2, B = -0.0348 - 4.0 \times 10^{-5}p$$

$$C = 6.0 \times 10^{-5} + 1.51 \times 10^{-7}p, B_s = e^{[-0.06 + (6.69 \times 10^{-5}T)]\phi_s}$$

式中：B_s 为校正系数；e 为 2.718；ϕ_s 为固相含量，%。

本章计算的 CO_2 气体在油/水基钻井液中的溶解度与 Patrick 实验结果对比，对比结果有很好的一致性。在图 3-10 中，Patrick 实验中的数据采用英制单位，本章将其转换为公制。

某井钻至 4000 m 时，管柱泊松比为 0.3；粗糙度为 0.0015 m；钻井液密度为 1360kg/m³；地层温度梯度为 0.025℃/m；管柱弹性模量为 2.07×10^5 MPa；钻井液排量为 56L/s；碳氢气体的相对密度为 0.693，组成如表 3-5 所示（折合为标况）。

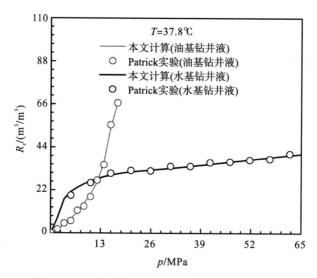

图 3-10　本章计算的 CO_2 溶解度与实验结果对比

表 3-5　碳氢气体中的碳元素组成

碳元素	组成/%	碳元素	组成/%
C_1	90.36	n-C_5	0.33
C_2	3.12	C_6	0.68
C_3	2.65	C_{7+}	1.01
n-C_4	1.65	C_{8+}	0.20

　　图 3-11~图 3-16 中：BP 为套压，MPa；Q_g 为井底气体溢流量，m^3/h；H 为井深，m，R_s 为 CO_2/碳酸气体在油/水基钻井液中的溶解度，m^3/m^3，o/w 为双基钻井液中的油基钻井液与水基钻井液的油基比。CO_2/碳酸气体在钻井液中溶解度计算的准确性主要取决于环空中的压力与温度。当井底发生溢流时，随井底气侵量的变化环空中压力时刻发生改变，因此环空中 CO_2/碳酸气体在钻井液中的溶解度时刻发生改变。

　　图 3-11 示出了，不同套压下（$BP=0.1\text{MPa}$，$BP=2.0\text{MPa}$，$BP=3.0\text{MPa}$ 及 $BP=4.0\text{MPa}$）CO_2 气体在油基钻井液中的溶解度变化规律。在高温高压的井底，发生溢流时，井底的空隙率相对井口较小，这不仅是由于井底高压使气体体积大幅压缩，更是因为大部分气体溶解于油基钻井液中。在井口段压力较井底急剧减小，因此井口段 CO_2 气体在油基钻井液中溶解度相对较小。在一定溢流条件下，随套压增大，CO_2 气体在油基钻井液中的溶解度均增大，到达一定环空深度后，CO_2 气体在油基钻井液中的溶解度与环空深度呈现较好的线性关系。

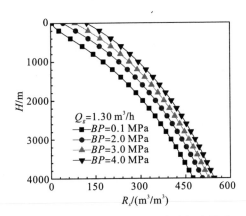 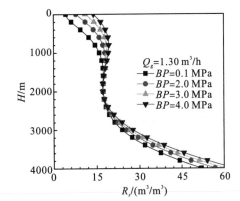

　图 3-11　套压对油基钻井液中溶解度影响　　　图 3-12　套压对水基钻井液中溶解度影响

　　图 3-12 示出了，不同套压下（$BP=0.1\text{MPa}$，$BP=2.0\text{MPa}$，$BP=3.0\text{MPa}$ 及 $BP=4.0\text{MPa}$）CO_2 气体在水基钻井液中的溶解度变化规律。CO_2 气体在水基钻井液中的溶解度曲线呈现倒 S 型，这是由于当压力一定时，CO_2 气体在水基钻井液中的溶解度不是温度的单调函数，随温度升高，在某一范围内溶解度有一极小值造成的，随温度的升高而降低、随压力的升高而增大的特征。当环空温度、压力达到一定条件时，CO_2 气体在水基钻井液中的溶解能力趋近于某一极值，这与 Patrick 实验测得的规律是一致的。CO_2 气体在水基钻井液中的溶解度同在油基钻井液中的溶解度相比大幅度减小。

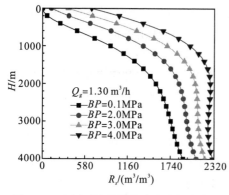
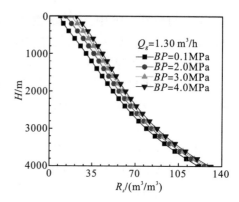

图 3-13 套压对油基钻井液中溶解度影响　　图 3-14 套压对水基钻井液中溶解度影响

图 3-13 示出了，不同套压下（$BP=0.1$MPa，$BP=2.0$MPa，$BP=3.0$MPa 及 $BP=4.0$MPa）碳氢气体在油基钻井液中的溶解度变化规律。当温度及井底溢流量一定时，随套压增大，碳氢气体在油/水基中的溶解度均逐渐增大。到达一定压力后，由于碳氢气体在水基钻井液中的溶解度达到饱和，因此呈现较缓的变化趋势。由于碳氢气体与油基钻井液的物理性质接近，因此在井底高温高压状态下，碳氢气体在钻井液中的溶解度很大。随套压减小，溶解度呈现减小趋势。图 3-14 示出了，不同套压下（$BP=0.1$MPa，$BP=2.0$MPa，$BP=3.0$MPa 及 $BP=4.0$MPa）碳氢气体在水基钻井液中的溶解度变化规律。碳氢气体溶解能力受分子结构、与水反应能力及分子物理填充能力的综合作用，其值与 CO_2 气体溶解度变化趋势存在明显不同。由于碳氢气体与油基钻井液的相容性较好，因此碳氢气体在水基钻井液中的溶解度远小于油基钻井液中的溶解度，随套压增加，溶解度仍呈现增大趋势。

图 3-15 示出了，钻井液中不同油水基比（$o/w=0.1$，$o/w=0.5$，$o/w=1.2$ 及 $o/w=3.0$）变化时，CO_2 气体在双基钻井液中的溶解度变化规律。由于，在一定的压力范围内 CO_2 气体在油基钻井液中的溶解度较水基钻井液大，因此，随油基比增大，CO_2 气体在双基钻井液中的溶解度增大。图 3-16 示出了，钻井液中不同油水基比（$o/w=0.1$，$o/w=0.5$，$o/w=1.2$ 及 $o/w=3.0$）变化时，碳氢气体在双基钻井液中的溶解度变化规律。在高温高压下，由于碳氢气体极易溶解于油基钻井液中，因此随油基比增大，碳氢气体在双基钻井液中的溶解度大幅增加。当酸性气体与双基钻井液沿环空从井底向井口运移的过程中，环空内的温度及压力均减小，当气体到达井口段时，气体体积急剧膨胀，使得井口段的压力大幅减小，从而大量酸性气体析出，同图 3-16 相比较，油基比对碳氢气体在钻井液中的溶解度影响较大，而 CO_2 气体在双基钻井液中的溶解度变化趋势接近线性。

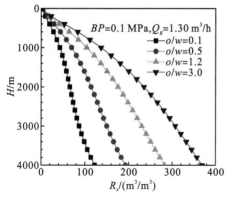
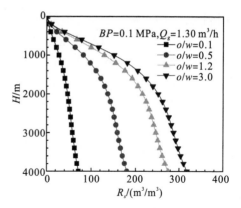

图 3-15　油水基比对 CO_2 溶解度的影响　　　图 3-16　油水基比对碳氢气体溶解度的影响

3.4.2　钻井中环空多相流动参数分析

图 3-17 示出了恒定套压为 0.28MPa、2.08MPa、3.88MPa、5.68MPa 时，环空压力的变化规律。随套压增大，环空压力增大。在井口处，由于气体体积膨胀较大，从而使得井口段环空的有效静液柱压力减小，因此井口处的压力梯度变化较大。为了保持井底压力衡定，套压必须实时变化，采用变化的套压差来弥补气柱运移过程产生的压降变化。图 3-18 示出了当套压为 0.2MPa、2.2MPa、4.2MPa 及 6.2MPa 时，环空空隙率变化规律。当在井底段时，气柱处于高压状态下，气柱的膨胀没有发生明显变化，因此空隙率变化不大。在接近井口运移时，气柱体积急剧膨胀，因此空隙率急剧膨胀。当套压从 0.2MPa 增至 6.2MPa 时，空隙率从 94.1% 减至 29.7%。

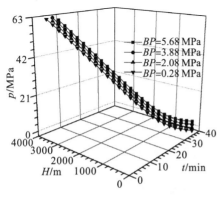
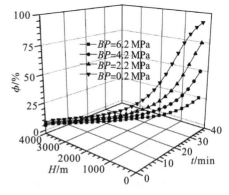

图 3-17　气侵量对井底压力影响　　　　　图 3-18　套压对空隙率的影响

图 3-19、图 3-20 示出了，不同套压对环空中溢流油相、溢流水相及溢流气

相运移速度的影响。沿流体流动方向，油相、气相及水相的速度逐渐增大。由于气相压缩系数远比油相及水相都小，因此气相速度增大幅度较明显。在井口时，由于环空压力减小，根据气相状态方程，气相空隙率迅速增人，气相在井口处运移速度大幅增大。当套压较小时，气相膨胀较快，使得气相在油、气、水及钻井液中的滑脱速度增加。当套压为 0.2MPa 时，气相在井口的速度高达 8.1m/s，而套压为 3.0MPa 时，气相的速度仅为 2.6m/s。由于溢流水可以完全溶解于钻井液中，因此溢流水的运移速度与钻井液的运移速度相等。

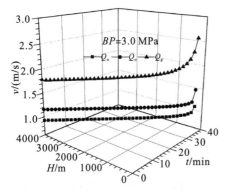 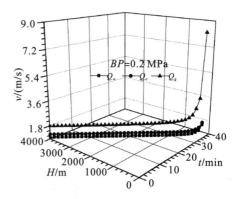

图 3-19　套压为 3.0MPa 时环空中流速变化规律　　图 3-20　套压为 0.2MPa 时环空中流速变化规律

　　图 3-21、图 3-22 示出了，井底溢流气柱高度为 $L = 500$m，当套压 $BP = 0.2$MPa、$BP = 3.0$MPa 时，溢流气柱向井口运移的过程中气柱长度的变化规律。当在井底附近时，气柱处于高压状态下，气柱的膨胀没有明显变化。在接近井口运移时，气柱体积急剧膨胀。如图 3-22 所示，当套压增至 3.0MPa 时，环空中的气柱膨胀体积减小。由于钻井液的可压缩性比气体小很多，因此钻井液的体积变化不大。

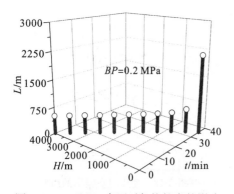 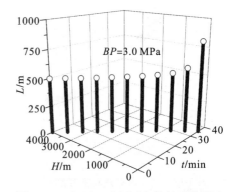

图 3-21　0.2MPa 套压对气柱长度的影响　　　　图 3-22　3.0MPa 套压对气柱长度的影响

3.4.3　节流阀控制溢流特性分析

图 3-23 示出了，随井底气侵气柱长度的改变($L=50\text{m}$、$L=250\text{m}$、$L=500\text{m}$ 及 $L=1000\text{m}$)，井底压差为 $\Delta p=1.3\text{MPa}$ 时，保持井底衡压钻井，井口节流阀开度的变化规律。由于气体从井底沿环空向井口运移的过程中，环空中的空隙率逐渐增大，使气液两相的混合密度减小，因此气体滑脱产生的压降逐渐增大。为维持井底衡压钻井，增大套压以弥补增大的滑脱压降，从而井口节流阀的开度减小。当节流阀的控制时间为 $t=34.5\text{min}$ 时，气柱运移至井口，此时环空中的压力逐渐恢复，气体滑脱产生的压降逐渐减小，因此井口所需套压减小，节流阀开度增大，当气柱排出井口，此时节流阀开度趋于稳定。图 3-24 对应图 3-23 示出了井口套压的变化规律。套压的实时变化取决于井口节流阀开度的变化规律，随节流阀开度的减小，套压增大。发现井底气体溢流时，将井口套压增至平衡井底压力的套压，此时井底气侵停止，但气体仍沿环空向井口运移，随气体向井口的运移，套压逐渐增大，当气体顶端到达井口时，套压达到最大值，气体全部循环出井口时，套压趋于稳定。

图 3-25 示出了，气侵的气柱长度均为 $L=500\text{m}$，随井口初始套压变化($BP=0.2\text{MPa}$、$BP=1.0\text{MPa}$、$BP=2.0\text{MPa}$ 及 $BP=3.0\text{MPa}$)，保持井底衡压钻井，井口节流阀开度的变化规律。当井底压差恒定时，初始套压对节流阀开度调节规律的影响不显著。图 3-26 对应图 3-27 示出了初始套压对调节套压的影响规律。由于钻井液的可压缩性较小，套压的变化均实时加载到井底，当欠压差值恒定时，井底欠压差值与节流阀开始动作产生的套压差是相等的(节流阀开始动作产生的套压＝井底压差＋初始套压)，变化的套压将井底气侵抑制，此时环空中仅有一段不断膨胀的气柱向井口滑移，此变化规律与图 3-21 及图 3-22 的气柱运移规律是一致的。

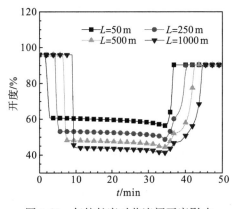

图 3-23　气柱长度对节流阀开度影响

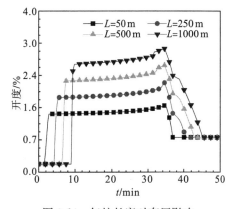

图 3-24　气柱长度对套压影响

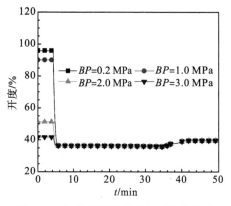

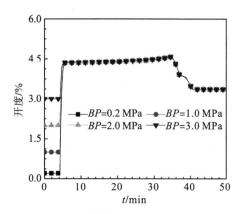

图 3-25　初始套压对节流阀开度的影响　　　　　图 3-26　初始套压对套压的影响

图 3-27 示出了气侵气柱长度为 $L=500\text{m}$，随井底压差变化（$\Delta p=0.3\text{MPa}$、$\Delta p=0.8\text{MPa}$、$\Delta p=1.3\text{MPa}$ 及 $\Delta p=1.8\text{MP}$），井口节流阀开度变化规律。图 3-28 对应图 3-27 示出了井口套压的变化规律。随井底压差的增大，井口节流阀调整开度与稳定节流阀开度均减小，相应的节流阀动作产生的调整套压与稳定套压均增大。当井底存在欠压差发生气侵时，如不及时控制井口套压维持井底衡压力，随气体沿环空滑脱，井底压差将进一步增大，使气体溢流量急剧增大，从而产生恶性钻井事故[82]。

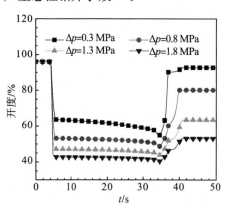

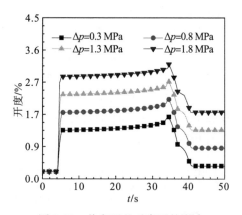

图 3-27　井底压差对节流阀开度的影响　　　　　图 3-28　井底压差对套压的影响

3.5　本章小结

（1）重力置换气侵发生后，气侵量主要取决于地层的渗透率及钻井液－岩层接触面积。回压控制前后，环空中均持续出现气体。为达到衡压钻井的目的，重力置换过程中只需弥补气体滑脱产生的压降。重力置换的回压控制规律为，回压先逐渐增大，后回压保持平稳的趋势。

(2)溢流气侵发生后，气侵量主要取决于地层欠压差。回压控制前，环空中出现气液混合流，回压控制后，环空出现 0 气流。为达到衡压钻井的目的，回压的控制应遵循先平衡井底欠压差，后弥补气体滑脱产生的压降。溢流气侵的回压控制规律为，回压先增大后减小，最后回压保持平稳的趋势。

(3)当温度及井底溢流量一定时，随套压的增大，碳氢气体在油/水基中的溶解度均逐渐增大。CO_2 气体在水基钻井液中呈现倒 S 型，到达一定环空深度后，CO_2 气体在油基钻井液中的溶解度与环空深度呈现较好的线性关系。随油基比增大，CO_2/碳酸气体在双基钻井液中的溶解度增大，碳酸气体增大趋势较明显。由于碳氢气体与油基钻井液的相容性较好，碳氢气体在油基钻井液中的溶解度远大于在水基钻井液中的溶解度。

(4)当井底发生气侵时，可通过节流阀套压补偿气相滑脱压降的方法实现井底衡压钻井。由于气体沿环空向井口滑移的速度逐渐增大，节流阀开度的控制均遵循先减小后增大的趋势，套压遵循先增大后减小的规律。气侵发现依靠井底气侵监测装置，节流阀开度控制依靠多相流中气体滑脱压降及摩阻压降计算的精确性。

(5)气侵发现的滞后，将导致节流阀控制套压难度增大，引发钻井事故的概率增大。井底衡压控制钻井依靠钻井设备的整体提升。当套压较小时，气体膨胀较快，使得气体在多相流动中的滑脱速度增加。当套压增大时，油、气及水的速度均减小。

(6)随侵入气柱长度增大，井底恒压控制过程中的套压极大值增大；随气柱沿环空循环出井口，节流阀套压逐渐增大；当气柱顶部到达井口时，套压达到极大值。在井底时，气柱处于高压状态下，气柱的膨胀没有明显变化，空隙率变化较小。气柱运移至井口段时，气柱体积急剧膨胀，空隙率急剧增大。随套压的增大，环空中的气柱膨胀体积减小，空隙率急剧降低。

第4章 井筒多相压力波速传播特性

由于压力波速广泛存在于多相流输送、石油钻探及核工业等领域中，因此压力波速的研究具有较大意义。压力波速不仅是计算波动压力的关键参数之一，更是衔接瞬变压力与稳态压力的桥梁。从19世纪40年代开始，前人已开始对两相流中的压力波速进行研究，至今压力波速的理论、实验研究仍未中断。从已发表的文献看，压力波速的求取方法有经验法、双流体模型法及实验法等。本章从经验模型与双流体模型入手，进行详细讲解压力波速的求取问题。

4.1 压力波速经验模型

4.1.1 前人经验模型

前人推导了分层流压力波速、均质流压力波速及 Martin 水锤压力波速等经验公式，给工程师的压力波速计算带来了极大便利，表 4-1 为普通基岩和孔隙流体的传播时间，表 4-2 为某井中新世纪地层地震平均传播时间[83]。

表 4-1 普通基岩和孔隙流体的传播时间

基岩及孔隙流体	传播时间/(μs/m)	传播速度/(m/s)
白云岩	144	6944.44
方解石	151	6622.52
石灰岩	157	6369.43
硬石膏	164	6097.56
花岗岩	164	6097.56
石膏	174	5747.13
石英	184	5434.78
页岩	203~548	4926.11~1824.82
盐	220	4545.45
砂岩	174~194	5747.13~5154.64

基岩及孔隙流体	传播时间/(μs/m)	传播速度/(m/s)
水、蒸馏水	715	1398.60
含盐 100000mg/L	682	1466.28
含盐 200000mg/L	620	1612.90
油	787	1270.65
甲烷	2054	486.85
空气	2986	334.90

表 4-2　某井中新世纪地层地震平均传播时间

深度/m	平均深度/m	平均孔隙度/%	平均传播时间/(μs/m)	平均传播速度/(m/s)	基岩传播时间/(μs/m)	基岩传播速度/(m/s)
457~762	610	0.344	502	1992.03	400	2500
762~1067	914	0.318	459	2178.65	354	2824.859
1067~1372	1219	0.292	433	2309.47	328	3048.78
1372~1676	1524	0.268	413	2421.31	315	3174.603
1676~1981	1829	0.246	387	2583.98	289	3460.208
1981~2286	2134	0.226	394	2538.07	308	3246.753
2286~2590	2438	0.208	367	2724.80	285	3508.772
2590~2896	2743	0.191	348	2873.56	269	3717.472
2896~3200	3048	0.175	335	2985.07	259	3861.004
3200~3505	3353	0.161	338	2958.58	272	3676.471
3505~3810	3658	0.148	305	3278.69	240	4166.667
3810~4115	3962	0.136	315	3174.60	256	3906.25

下面简单介绍前人求取压力波速的几种经验模型：

1969，Wallis 压力波速计算公式为

$$c = \left[\left(\frac{\phi_G}{\rho_G} + \frac{\phi_L}{\rho_L} \right) \Big/ \left(\frac{\phi_G}{\rho_G c_G^2} + \frac{\phi_L}{\rho_L c_L^2} \right) \right]^{0.5} \tag{4-1}$$

1979，Marytin 压力波速计算公式为

$$c = \frac{c_G^2}{\phi_L \phi_G \frac{\rho_L}{\rho_G} + \phi_G^2 + \left(\frac{c_G}{\rho_G} \right)^2 \left(\phi_L^2 + \phi_L \phi_G \frac{\rho_G}{\rho_L} \right)} \tag{4-2}$$

1984，Gao Zong-ying 压力波速计算公式为

$$c = \sqrt{\frac{E_l p \xi}{p_k \phi_L + E_l \phi_G} / (\frac{p \phi_G}{zRT} + \rho_l \phi_L)} \tag{4-3}$$

1990，Han Wen-liang 压力波速计算公式为

$$c = \sqrt{\frac{E_L / \rho_m}{1 - S_s + \frac{E_L}{E_s} S_s + \frac{E_L D}{E_s e}}} \tag{4-4}$$

1998，Lee 压力波速计算公式为

$$c = \frac{c_G c_L \sqrt{\frac{\phi_L \rho_G c_G^2}{\phi_L \rho_G c_G^2 + \phi_G \rho_L c_L^2}}}{\rho_L c_G + \rho_G c_L \sqrt{\frac{\phi_G \rho_G c_G^2}{\phi_L \rho_G c_G^2 + \phi_G \rho_L c_L^2}}} \tag{4-5}$$

2006，Zhou Yun-long 压力波速计算公式为

$$c = \sqrt{\frac{E_L / \rho_m}{1 - S_s - S_g + \frac{E_L}{E_s} S_s + \frac{E_L}{E_g} S_g + \frac{E_L D}{E_p e}}} \tag{4-6}$$

2010，Lu An-jun 压力波速计算公式为

$$c = \sqrt{\frac{1 / \rho_m}{\frac{D}{E_p e} + \frac{1}{E_L} + (\frac{1}{E_p} + \frac{1}{E_L}) \phi_G}} \tag{4-7}$$

式中：c 为压力波速；c_G 为气相压力波速；c_L 为液相压力波速；D 为管道直径；e 为管道粗糙度；E_L 为液相弹性模量；E_s 为固相弹性模量；E_p 为管道弹性模量；p 为压力；R 为气体常数；S_s 为固相含量；S_g 为气相含量；T 为温度；z 为压缩因子；ϕ_G 为气相空隙率；ϕ_L 为持液率；ρ_G 为气相密度；ρ_L 为液相密度；ρ_m 为混合密度；ξ 为绝热指数。

4.1.2 考虑虚拟质量力经验模型

在气液两相流动过程中，当气相相对于液相作加速运动时，同时给予液相一个加速作用力，因而液相施加于气相一个加速反作用力，即为虚拟质量力。引起界面动量交换量的虚拟质量力对压力传播有显著影响。经过对双流体模型求解过程的改造，编者提出了考虑虚拟质量力的两相压力波速模型，达到了经验模型准确求解压力波速的效果。尽管前人在两相压力波速方面做了较多工作，但考虑虚拟质量力的两相压力波速经验公式鲜见报道，笔者建立了考虑虚拟质量力的气液两相的压力波速模型。图 4-1 中，取 dx 为两相流动的控制体，气液两相的作用力为相间阻力[84]。

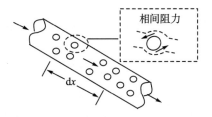

图 4-1　两相流动中压力传递示意图

气相连续守恒方程为

$$\frac{\partial(\phi_G \rho_G A)}{\partial t} + \frac{\partial(\phi_G \rho_G v_G A)}{\partial x} = 0 \tag{4-8}$$

液相连续守恒方程为

$$\frac{\partial(\phi_L \rho_L A)}{\partial t} + \frac{\partial(\phi_L \rho_L v_L A)}{\partial x} = 0 \tag{4-9}$$

气相动量守恒方程为

$$\frac{\partial(\phi_G \rho_G v_G A)}{\partial t} + \frac{\partial(\phi_G \rho_G v_G^2 A)}{\partial x} + A\phi_G \frac{\partial p}{\partial x} - \phi_G F_v A = 0 \tag{4-10}$$

液相动量守恒方程为

$$\frac{\partial(\phi_L \rho_L v_L A)}{\partial t} + \frac{\partial(\phi_L \rho_L v_L^2 A)}{\partial x} + A\phi_L \frac{\partial p}{\partial x} - \phi_G F_v A = 0 \tag{4-11}$$

式中：v_G 为气相速度，v_L 为液相速度，x 为管道长度，A 为横截面积，t 为时间，F_v 为虚拟质量力。

虚拟质量力可以表示为

$$F_v = C_{vm}\rho_L \left[\frac{\partial(v_L - v_G)}{\partial t} + v_G \frac{\partial(v_L - v_G)}{\partial x} \right] \tag{4-12}$$

式中：C_{vm} 为虚拟质量力系数。

对式(4-8)~式(4-11)整理可得到

$$\rho_G \frac{\partial \phi_G}{\partial t} + \phi_G \left(\frac{1}{c_G^2} + \frac{\rho_G DC_1}{Ee} \right) \frac{\partial p}{\partial x} + \rho_G v_G \frac{\partial \phi_G}{\partial x}$$
$$+ \phi_G v_G \left(\frac{1}{c_G^2} + \frac{\rho_G DC_1}{Ee} \right) \frac{\partial p}{\partial x} + \rho_G \phi_G \frac{\partial v_G}{\partial x} = 0 \tag{4-13}$$

$$- \rho_L \frac{\partial \phi_G}{\partial t} + \phi_L \left(\frac{1}{c_L^2} + \frac{\rho_L DC_1}{Ee} \right) \frac{\partial p}{\partial t} - \rho_L v_L \frac{\partial \phi_G}{\partial x}$$
$$+ \phi_L v_L \left(\frac{1}{c_L^2} + \frac{\rho_L DC_1}{Ee} \right) \frac{\partial p}{\partial x} + \rho_L \phi_L \frac{\partial v_L}{\partial x} = 0 \tag{4-14}$$

$$(\rho_G \phi_G + \rho_L \phi_G C_{vm}) \frac{\partial v_G}{\partial t} + \phi_G F_D + (\rho_G \phi_G v_G + \phi_G \rho_L v_G C_{vm}) \frac{\partial v_G}{\partial x}$$
$$- \phi_G \rho_L C_{vm} v_G \frac{\partial v_L}{\partial x} - \rho_L \phi_G C_{vm} \frac{\partial v_L}{\partial t} + \phi_G \frac{\partial p}{\partial x} = 0 \tag{4-15}$$

$$(\rho_G\phi_L + \rho_L\phi_G C_{vm})\frac{\partial v_L}{\partial t} + \phi_G F_D + (\phi_L\rho_L v_L + \phi_L\rho_L C_{vm})\frac{\partial v_L}{\partial x}$$

$$-\phi_G\rho_L C_{vm}\frac{\partial v_G}{\partial t} - \phi_G\rho_L C_{vm}\frac{\partial v_G}{\partial x} + \phi_L\frac{\partial p}{\partial x} = 0 \tag{4-16}$$

式(4-13)～式(4-16)的解矩阵可表示为$[\phi_G,\ p,\ v_G,\ v_L]^{\mathrm{T}}$，假设气液两相处于热力学平衡的初始解矩阵为$[\phi_{G0},\ p_0,\ v_{G0},\ v_{L0}]^{\mathrm{T}}$，则解矩阵$[\phi_G,\ p,\ v_G,\ v_L]^{\mathrm{T}}$发生扰动时，满足：

$$\begin{bmatrix} \phi_G \\ p \\ v_G \\ v_L \end{bmatrix} = \begin{bmatrix} \phi_{G0} \\ p_0 \\ v_{G0} \\ v_{L0} \end{bmatrix} + \begin{bmatrix} \delta\phi_G \\ \delta p \\ \delta v_G \\ \delta v_L \end{bmatrix} e^{i(\omega t - Kx)} \tag{4-17}$$

整理式(4-13)～式(4-17)可得到关于矩阵$[\delta\phi_G,\ \delta p,\ \delta v_G,\ \delta v_L]^{\mathrm{T}}$的方程组：

$$\rho_G(\omega - Kv_G)\delta\phi_G + \left(\frac{\phi_G}{c_G^2} + \frac{\phi_G\rho_G DC_1}{Ee}\right)(\omega - Kv_G)\delta p - w\phi_G\rho_G\delta v_G = 0 \tag{4-18}$$

$$-\rho_L(\omega - Kv_L)\delta\phi_G + \phi_L\left(\frac{1}{c_L^2} + \frac{\rho_L DC_1}{Ee}\right)(\omega - Kv_L)\delta p - K\phi_L\rho_L\delta v_L = 0 \tag{4-19}$$

$$[(\phi_G\rho_G + \phi_G\rho_L C_{vm})(\omega - Kv_G)]\delta v_G - K\phi_G\delta p - [\phi_G\rho_L C_{vm}(\omega - Kv_G)]\delta v_L = 0 \tag{4-20}$$

$$[(\phi_L\rho_L + \phi_G\rho_L C_{vm})(\omega - Kv_L)]\delta v_L - K\phi_G\delta p - [\phi_G\rho_L C_{vm}(\omega - Kv_G)]\delta v_L = 0 \tag{4-21}$$

式中：C_1为管道支撑方式系数；K为波数；ω为频率；e为粗糙度；E为管道弹性模量。

根据方程组有解的条件，式(4-18)～式(4-21)可转换为

$$\begin{vmatrix} M_{11} & M_{12} & M_{13} & 0 \\ M_{21} & M_{22} & 0 & M_{24} \\ 0 & M_{32} & M_{33} & M_{34} \\ 0 & M_{42} & M_{43} & M_{44} \end{vmatrix} = 0 \tag{4-22}$$

式中：$M_{11} = \rho_G(\omega - Kv_G)$；$M_{12} = \phi_G\left(\dfrac{1}{c_G^2} + \dfrac{\rho_G DC_1}{Ee}\right)(\omega - Kv_G)$；$M_{13} = -K\phi_G\rho_G$；

$M_{21} = -\rho_L(\omega - Kv_L)$；$M_{22} = \phi_L\left(\dfrac{1}{c_L^2} + \dfrac{\rho_L DC_1}{Ee}\right)(\omega - Kv_L)$；$M_{24} = -K\phi_L\rho_L$；

$M_{32} = -K\phi_G$；$M_{33} = \phi_G(\rho_G + \rho_L C_{vm})(\omega - Kv_G)$；$M_{34} = -\phi_G\rho_L C_{vm}(w - Kv_G)$；

$M_{42} = -K\phi_L$；$M_{43} = -\phi_G\rho_L C_{vm}(\omega - Kv_G)$；

$M_{44} = -\phi_L\rho_L(\omega - Kv_L) + \phi_G\rho_L C_{vm}(\omega - Kv_G)$。

由式(4-22)可得到两相压力波速经验公式：

$$(\phi_L^2\rho_G + \varphi_G\varphi_L\rho_L + \rho_L C_{vm})K^2 =$$
$$\omega^2\left(\frac{\phi_G}{\rho_G c_G^2} + \frac{\phi_L}{\rho_L c_L^2} + \frac{DC_1}{Ee}\right)\left[\rho_s(\phi_L^2 d_G + \phi_G\phi_L\rho_L) + \rho_m\rho_L C_{vm}\right] \quad (4\text{-}23)$$

化简式(4-23)，可得到两相压力波速经验公式：

$$c = \sqrt{\cfrac{\phi_L^2\rho_G + \phi_G\phi_L\rho_L + \rho_L C_{vm}}{\left(\cfrac{\phi_G}{\rho_G c_g^2} + \cfrac{\phi_L}{\rho_L c_L^2} + \cfrac{DC_1}{Ee}\right)\left[\rho_s(\phi_L^2\rho_G + \rho_G\rho_L\phi_L) + \rho_m\rho_L C_{vm}\right]}} \quad (4\text{-}24)$$

这里 $\rho_s = \dfrac{\rho_G\rho_L}{\phi_G\rho_L + \rho_G\phi_L}$，$\rho_m = \phi_G\rho_G + \phi_L\rho_L$，$\rho_G = \dfrac{3.4841 \times 10^{-3} r_G p}{z_G T}$。

哈桑和比尔取空隙率为 $\phi_G = 0.25$，作为由泡状流向弹状流转变的标准。

泡状流中虚拟质量力系数表示为

$$C_{vm} = \frac{1 + 2\phi_G}{2\phi_L} \quad (4\text{-}25)$$

弹状流中虚拟质量力系数表示为

$$C_{vm} = 3.3 + 1.7\frac{3L_q - 3R_q}{3L_q - R_q} \quad (4\text{-}26)$$

式中：R_q 为气泡宽度；L_q 为气泡长度；ρ_G 为天然气密度；z_G 为天然气的偏差因子(常取 0.94)；r_G 为相对密度(常取 0.65)；p 为压力；T 为温度。

笔者采用本章模型得到的结果与实验得到的结果对比，基本一致。与双流体模型计算结果对比，完全一致，这主要由于本章的经验公式来源于双流模型所致。计算时选用的对比条件为：液相密度为 1000kg/m³，气相密度为 0.9kg/m³，温度为 70℃，压力为 30MPa，管道外径为 127mm，具体对比结果如图 4-2 所示。

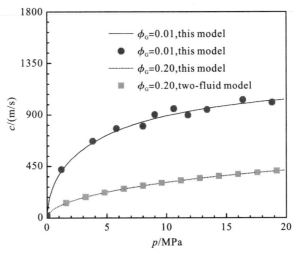

图 4-2　本章模型计算压力波速与前人实验结果对比

　　以某气液两相流体输送实例为背景，采用本章的经验模型计算，所选用的基础数据如表 4-1 所示。

表 4-1　压力波速计算的基础数据

名称	参数值	名称	参数值
管道直径/m	0.212	粗糙度/mm	0.0015
钻杆泊松比	0.30	气相密度/(kg/m³)	1.32
钻杆弹性模量/Pa	2.07×10^{11}	气相密度/(kg/m³)	1000

4.1.3　空隙率对压力波速影响

　　图 4-3 表明随空隙率增大，压力波速呈现先减小后增大的趋势。在压力波速减速区，随空隙率增大，气液两相的密度变化不大，但可压缩性显著增大，使介质呈现较大弹性，因此少量气体的混入会明显降低压力波速。在压力波速增速区，随空隙率增大，气液两相可压缩性不断变大，加大了气液两相的压缩性，液弹中压力波速的减小比气弹中压力波速的增加小，从而压力波速有增大趋势。图 4-4 示出了随压力增大，压力波速增大趋势逐渐变缓。由气体状态方程可知，压力增大，使气相密度逐渐增大，提高了气液两相的不可压缩性，从而压力波速增大。当达到高压时，气体的可压缩性变化较小，压力波速受高压作用的变化不明显，因此，压力波速的增加逐渐平缓。

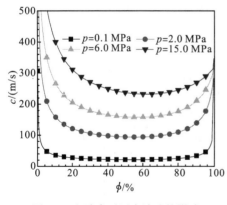

图 4-3　空隙率对压力波速的影响

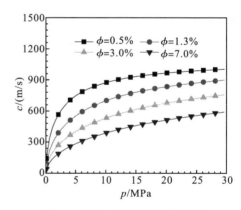

图 4-4　压力对压力波速的影响

　　图 4-5 示出了温度对压力波速的影响规律。随着温度升高，压力波速逐渐减小。温度对压力波速的影响，主要是温度对气体膨胀体积的影响所致。温度升高，气体体积增大，气液两相压缩性增大，因此压力波速减小。由于温度变化对

多相流动中气体体积影响有限，因此压力波速变小趋势不显著。图 4-6 示出了虚拟质量力对压力波速的影响规律。在含气率很小时，相间速度滑脱对相间作用力不敏感，对压力波速的影响不明显。随空隙率增大，虚拟质量力对压力波速的影响逐渐增大。在空隙率较大的区域内，忽略虚拟质量力，压力波速显著增大。

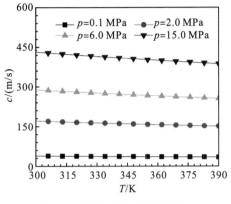

图 4-5　温度对压力波速的影响

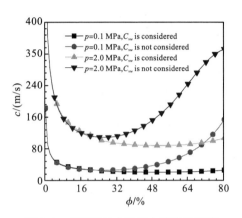

图 4-6　虚拟质量力对压力波速的影响

4.2　双流体压力波速模型

在不影响正常钻进的前提下，可通过调节井口节流阀开度来控制井底出现的复杂情况。由于压力在井筒中是按一定速度传播的，井口节流阀的动作并不能立即作用到井底，而是存在一个延时。MFC 钻井技术核心是精确调节节流阀开度产生不同回压，从而控制井底压力。当节流阀动作时会造成节流阀处流体流动状态的改变，从而产生以一定速度向井底传播的压力波。借助仪器测量压力波速，虽然精准，但不容易实现。现在大多钻井工程中波速的计算常采用 Wallis、Martin 等经验公式获取，虽简单经济，但很难实现精确计算，主要弊端是假设了很多条件，使精度降低，不能满足精确钻井需求，在钻井中对压力波速研究，不仅能拓展压力波速研究领域，更可解决钻井设备瞬动(如节流阀调节、起下钻及停开泵等)引起的波动压力精确计算问题，压力波速不仅是波动理论计算的基础，更是衔接波动压力与稳态压力的桥梁。

4.2.1　压力传递模型

MFC 控制钻井中，当节流阀动作时，在井口产生一压力波动源，回压将沿环空向井底传播，对环空多相流体取微元段，应用质量守恒及动量守恒。

气相质量守恒方程为

$$\frac{\partial}{\partial t}\iiint_{\Omega_g}\rho_g v_g \mathrm{d}\Omega + \iint_{A_g}\rho_g v_g \cdot n\mathrm{d}A = 0 \qquad (4\text{-}27)$$

液相质量守恒方程为

$$\frac{\partial}{\partial t}\iiint_{\Omega_l}\rho_l v_l \mathrm{d}\Omega + \iint_{A_l}\rho_l v_l \cdot n\mathrm{d}A = 0 \qquad (4\text{-}28)$$

式中：n 为法向方向；v_l 为液相速度，m/s；v_g 为气相速度，m/s；ρ_g 为气相密度，kg/m³；ρ_l 为液相密度，kg/m³；Ω_g 为气相控制体体积；Ω_l 为油包水相控制体体积。

气相运动方程表示为

$$\frac{\partial}{\partial t}\iiint_{\Omega_g}\rho_g v_g \mathrm{d}\Omega + \iint_{A_g}\rho_g v_g^2 \cdot n\mathrm{d}A$$

$$= -\Delta s\rho_g g\phi_g + A\Delta x\left[\frac{\partial(p_g\phi_g)}{\partial s} - \phi_g\frac{\partial(\tau_g^{fr} + \tau_g^{Re})}{\partial s} - M_{gi} + 4\frac{\tau_g}{D}\right] \qquad (4\text{-}29)$$

液相运动方程表示为

$$\frac{\partial}{\partial t}\iiint_{\Omega_l}\rho_l v_l \mathrm{d}\Omega + \iint_{A_l}\rho_l v_l^2 \cdot n\mathrm{d}A$$

$$= -\Delta s\rho_l g\phi_l + A\Delta x\left[\frac{\partial(p_l\phi_l)}{\partial s} - \phi_l\frac{\partial(\tau_l^{fr} + \tau_l^{Re})}{\partial s} - M_{li} + 4\frac{\tau_l}{D}\right] \qquad (4\text{-}30)$$

式中：ϕ_g 为气相空隙率；τ_g^{fr} 为气相剪切力；τ_g^{Re} 为气相雷诺应力；τ_g 为气相管壁剪切力；τ_l^{fr} 为液相剪切力；τ_l^{Re} 为液相雷诺应力；D 为管道有效直径，m；τ_l 为液相管壁剪切力；p_g 为气相压力，N；p_l 为液相压力，N；M_{gi} 为气相相间阻力引起的动量交换，N/m³；M_{li} 为液相相间阻力引起的动量交换，N/m³。

式(4-27)至(4-30)可变形为式(4-31)至(4-34)：

$$\rho_g\frac{\partial\phi_g}{\partial t} + \frac{\phi_g}{\phi_g^2}\frac{\partial p_g}{\partial t} + \rho_g v_g\frac{\partial\phi_g}{\partial s} + \phi_g\frac{v_g}{\phi_g^2}\frac{\partial p_g}{\partial s} + \phi_g\rho_g\frac{\partial v_g}{\partial s} = 0 \qquad (4\text{-}31)$$

$$-\rho_l\frac{\partial(1-\phi_g)}{\partial t} + \frac{(1-\phi_g)}{(1-\phi_g)^2}\frac{\partial p_g}{\partial t} + \rho_l v_l\frac{\partial(1-\phi_g)}{\partial s}$$

$$+ (1-\phi_g)\frac{v_l}{(1-\phi_g)^2}\frac{\partial p_l}{\partial s} + (1-\phi_g)\rho_l\frac{\partial v_l}{\partial s} = 0 \qquad (4\text{-}32)$$

$$\phi_g(\rho_g + c_{vm}\rho_l)\frac{\partial v_g}{\partial t} - c_{vm}\phi_g\rho_l\frac{\partial v_l}{\partial t} + \rho_l v_r^2(\phi_g c_p - c_r + c_i - c_{m2})\frac{\partial\phi_g}{\partial s}$$

$$+ \phi_g\left[1 - \frac{c_p(1-\phi_g)v_r^2}{\phi_g^2} + 2c_i\rho_l v_r + c_{vm}\rho_l v_g - c_{m1}\rho_l v_r\right]\frac{\partial v_g}{\partial s}$$

$$+ \phi_g\rho_l\left[2c_p(1-\phi_g)v_r - 2c_i v_r - c_{vm}v_l + c_{m1}v_r\right]\frac{\partial v_l}{\partial s} = -M_{li} - 4\frac{\tau_{gw}}{D}$$

$$(4\text{-}33)$$

式中：c_{vm} 为虚拟质量力系数；c_r 值为 0.2；c_i 值为 0.3；c_p 值为 0.25；c_{m2} 值为

0.1; v_r 为气液滑脱速度，m/s。

$$-c_{vm}\phi_g\rho_l\frac{\partial v_g}{\partial x} + \rho_l[(1-\phi_g)+c_{vm}\phi_g]\frac{\partial v_l}{\partial t} + \rho_l v_r^2[-c_p(1-\phi_g)+2c_r+c_{m2}]\frac{\partial \phi_g}{\partial s}$$

$$+\left[(1-\phi_g)+\frac{c_r\phi_g v_r^2}{\phi_l^2}\right]\frac{\partial p_l}{\partial s} + \phi_g\rho_l(2c_r\phi_g v_r - c_{vm}v_g + c_{m1}v_r)\frac{\partial v_g}{\partial x}$$

$$+\rho_l[(1-\phi_g)v_l - 2c_r\phi_g v_r + c_{vm}\phi_g v_l - c_{m1}\phi_g v_r]\frac{\partial v_l}{\partial s} = M_{li} - 4\frac{\tau_{lw}}{D}$$

$$(4\text{-}34)$$

式中：τ_{lw} 为雷诺应力，N/m^2；M_{li} 为液相相间阻力引起的动量交换，N/m^3。

4.2.2　压力传递控制方程

管内气-钻井液两相混合，两相均质流体的分配关系为

$$\phi_g + \phi_l = 1 \tag{4-35}$$

泡状流虚拟质量力系数为

$$c_{vm} = 0.5\frac{1+2\phi_g}{1-\phi_g} \tag{4-36}$$

弹状流虚拟质量力系数为

$$c_{vm} = 3.3 + 1.7\frac{3L_q - 3R_q}{3L_q - R_q} \tag{4-37}$$

式中：L_q 为气泡长度，m；R_q 为气泡宽度，m。

气-钻井液相间滑脱速度为

$$v_r = v_g - v_l \tag{4-38}$$

泡状流相间阻力系数为

$$c_D = \frac{4R_b}{3}\sqrt{\frac{g(\rho_l - \rho_g)}{\sigma}}\left[\frac{1+17.67(1-\phi_g)^{\frac{9}{7}}}{18.67(1-\phi_g)^{1.5}}\right]^2 \tag{4-39}$$

式中：c_D 为相间阻力系数；σ 为表面张力，N/m^2。

弹状流相间阻力系数：

$$c_D = 110(1-\phi)^3 R_b \tag{4-40}$$

式中：R_b 为弹状流长度，m。

钻井液相压力可表示为

$$p_l = p - 0.25\rho_l\phi_g v_r^2 \tag{4-41}$$

式中：v_r 为滑脱速度，m/s。

钻井液在环空内壁面及外壁面的剪切力可用下式计算：

$$\tau_l = 0.5f_l\rho_l v_l^2 \tag{4-42}$$

气为钻井液相内部剪切力相对于 Reynolds 应力而言很小，这里各相应力近似为

$$\tau_g^{fr} \approx \tau_{li}^{fr} \approx \tau_l^{fr} \approx \tau_g \approx \tau_g^{Re} \approx 0 \tag{4-43}$$

气相相间阻力引起的动量交换：

$$M_{gi} = -M_{li}^{nd} - M_{li}^{d} + (\tau_{li}^{fr} + \tau_{li}^{Re})\frac{\partial \phi_l}{\partial s} + \frac{\partial(\phi\sigma_s)}{\partial s} + \frac{\partial(\phi p_g)}{\partial s} - \frac{\partial(p_l)}{\partial s}$$

$$\tag{4-44}$$

式中：M_{li}^{nd} 为液相非拖拽力动量交换，N/m³；M_{li}^{d} 为液相拖拽力的动量交换，N/m³；τ_{li}^{fr} 为液相界面剪切力，N/m²；τ_{li}^{Re} 为液相界面雷诺应力，N/m²；σ_s 为表面张力，N/m²。

钻井液相中非相间阻力引起的动量交换：

$$M_{li}^{nd} = c_{vm}\phi_g\rho_l a_{vm} - 0.1\phi_g\rho_l v_r \frac{\partial v_r}{\partial s} - 0.1\rho_l v_r^2 \frac{\partial \phi_g}{\partial s} \tag{4-45}$$

式中：a_{vm} 为虚拟质量加速度。

钻井液相间阻力引起的动量交换：

$$M_{li} = M_{li}^{nd} + M_{li}^{d} + p_l \frac{\partial(\phi_l)}{\partial s} - (\tau_{li}^{fr} + \tau_{li}^{Re})\frac{\partial \phi_l}{\partial s} \tag{4-46}$$

式中：ϕ_l 为持液率。

钻井液相雷诺应力：

$$\tau_l^{Re} = -c_r\rho_l v_r^2 \frac{\phi_g}{\phi_l} \tag{4-47}$$

求取不同压力及温度下气体密度采用 PVT 方程：

$$\rho_g = p/(z \cdot R \cdot T) \tag{4-48}$$

式中：R 为气体常数，J/(mol·K)；z 为压缩因子；T 为温度，K。

对两流体模型微分处理，把每个函数用泰勒级数展开为

$$F_i(\boldsymbol{X} + \delta\boldsymbol{X}) = F_i(\boldsymbol{X}) + \sum_{j=1}^{N}\frac{\partial F_i}{x_j}\delta x_j + o(\delta\boldsymbol{X}^2)(i = 1,2,3,4) \tag{4-49}$$

$$\boldsymbol{J} = \sum_{j=1}^{N}\frac{\partial F_i}{x_j} \tag{4-50}$$

转变为向量形式如下：

$$\boldsymbol{F}(\boldsymbol{X} + \delta\boldsymbol{X}) = \boldsymbol{F}(\boldsymbol{X}) + \boldsymbol{J} \cdot \delta\boldsymbol{X} + o(\delta\boldsymbol{X}^2) \tag{4-51}$$

根据小扰动发生前系统内部气液相间与管壁之间处于平衡状态，小扰动发生以后变量 $\boldsymbol{X}(\phi，p，v_g，v_l)^{\mathrm{T}}$ 可变为

$$\boldsymbol{X} = X_0 + \delta\boldsymbol{X} \cdot \exp[\mathrm{i}(\omega t - kx)] \tag{4-52}$$

列出四元四次方程组，根据方程组有解条件，忽略二阶小量，可以得到如下行列式：

$$
\begin{vmatrix}
M_1 & M_2 & M_3 & M_4 \\
-\rho_l\omega & \dfrac{1-\phi_g}{c_l^2}\omega & 0 & -k(1-\phi_l)\rho_l \\
M_5 & M_6 & M_7 & M_8 \\
M_9 & M_{10} & M_8 & M_{11}
\end{vmatrix} = 0
\tag{4-53}
$$

式 (4-53) 中参数 M_1、M_2、M_3、M_4、M_5、M_6、M_7、M_8、M_9、M_{10} 及 M_{11} 可表示为

$$
M_1 = (\rho_g + c_p\phi_g\rho_l\frac{v_r^2}{c_g^2})\omega ; M_2 = \frac{\phi_g}{c_g^2}[1 - c_p\phi_l]\frac{v_r^2}{c_l^2})\omega ;
$$

$$
M_3 = -\left[\phi_g\rho_g k + 2c_p\phi_g\phi_l\rho_l\frac{v_r}{c_l^2}\omega\right];
$$

$$
M_5 = \rho_l v_r^2 k(-\phi_g c_p + c_r - c_i + c_{m2});
$$

$$
M_6 = -\phi_g k\left[1 - \phi_l\frac{c_p v_r^2}{c_l^2} + c_i\frac{v_r^2}{c_l^2}\right];
$$

$$
M_7 = \phi_g(\rho_g + c_{vm}\rho_l)\omega - i\left(\frac{3}{4}\frac{c_D}{r}\rho_l\phi_g v_r + \frac{4}{D}f_g\rho_g v_g\right);
$$

$$
M_8 = -c_{vm}\phi_g\rho_l\omega + i\left(\frac{3}{4}\frac{c_D}{r}\rho_l\phi_g v_r\right);
$$

$$
M_9 = \rho_l v_r^2 k(\phi_l c_p - 2c_r - c_{m2});
$$

$$
M_{10} = -k\left(\phi_l + c_r\phi_g\frac{v_r^2}{c_l^2}\right);
$$

$$
M_{11} = \rho_l[\phi_l + \phi_g c_{vm}]\omega - i\left(\frac{3}{4}\frac{c_D}{r}\rho_l\phi_g v_r + \frac{4}{D}f_l\rho_l v_l\right).
$$

式中：c_g 为气相压力波速，m/s；c_l 为液相压力波速，m/s；k 为波数；f_g 为摩阻系数；c_p、c_i、c_r、c_{m2} 为系数。

通过计算机编制一元四次复系数方程的求解模块，将四阶行列式的值代入复系数方程求解出 4 个复系数根，略去两个不符合实际根，可以得到波速方程如下。

$$
c = \frac{\left|\dfrac{\omega}{R^+(k)} - \dfrac{\omega}{R^-(k)}\right|}{2}
\tag{4-54}
$$

式中：$R^+(k)$ 为复系数方程 k 波数的实部；$R^-(k)$ 为复系数方程 k 波数的虚部；k 为波数。

钻井过程中压力波速求解可按照图 4-7 所示的流程图求出。

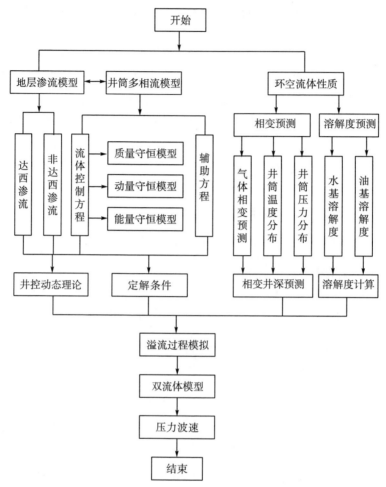

图 4-7　微流量控制钻井过程中压力波速求解流程图

4.3　井筒多相流中压力传递规律分析

　　图 4-8 示出了标准状况下垂向实验管道中空气－钻井液两相的波速。本章的波速计算均考虑相间虚拟质量力及狭义相间阻力与 Walle 及李相方(1998 年)实验对比取得了很好的一致性，低频下经验公式计算的波速与考虑虚拟质量力计算的波速基本一致[85,86]。

　　图 4-9 示出了，随空隙率的增加，压力波速的变化可分为三个区间：减速区、缓速区及增速区。在减速区间内，随空隙率变大，气液两相流的密度变化不大，但可压缩性显著增强，压力的传播速度显著降低；在缓速区间内，两相流体的密度及可压缩性的变化都比较小，压力波速的变化趋于平缓；在增速区间内，空隙率增大使气弹长度与液弹长度的比值增大，压力波速逐渐增大。图 4-10 为

泡状流和弹状流两种流型下的波速随压强的变化规律。系统压强增大,波速逐渐增大,且波速的增加呈变缓趋势,可由两相流体的压缩性和密度的变化进行解释。由气体状态方程可知,随压强的增加,气相密度逐渐增大,提高了气液两相的不可压缩性,使波速增加,当压力达到高压时,气体的压缩性变化很小,波速变化趋于平缓。

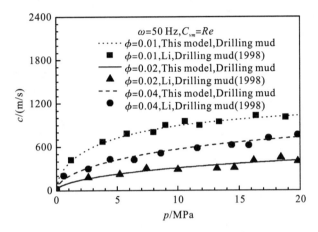

图 4-8　压力对波速影响与前人实验数据对比

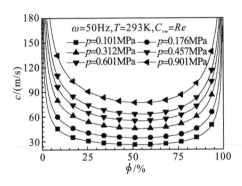

图 4-9　空隙率变化对波速的影响

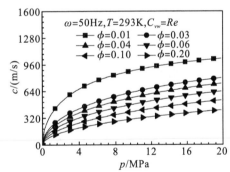

图 4-10　不同压力下空隙率对波速的影响

图 4-11 及图 4-12 示出了钻井过程中,井底发生不同速率的气侵时($Q_g = 0.058\mathrm{m^3/h}$、$Q_g = 0.288\mathrm{m^3/h}$、$Q_g = 0.594\mathrm{m^3/h}$、$Q_g = 1.228\mathrm{m^3/h}$、$Q_g = 3.427\mathrm{m^3/h}$ 及 $Q_g = 8.312\mathrm{m^3/h}$),不同深度的井筒环空波速、空隙率的变化规律。当井底气侵增大时,井底空隙率也相应增大,波速呈现降低趋势。从现象上分析,少量气泡可看作加载在水中的很多弹簧,压力脉冲压缩弹簧,弹簧推动水使水加速,水再依次来压缩另外一根弹簧,于是,压力在这样的流体中的速度,比起在均质流体中小。从机理上分析,气液两相的密度变化不大,但可压缩性显著变大,使介质呈现较大弹性,因此少量气体的混入会明显降低波速。随空隙率变大,气液两相可压缩性不断变大,加大了气液两相的压缩性,使气液相间能量、

动量交换加剧，能量耗散变大，此时液弹中波速的减小比气弹中波速的增加小，从而压力波的传播速度继续降低。一定量气体从地层侵入井底，向井口滑移的过程中，环空空隙率逐渐增大，在井口处迅速膨胀，这是由于随着压力的减小，使气体体积迅速膨胀，而钻井液体积变化不大，因此空隙率也迅速增加。

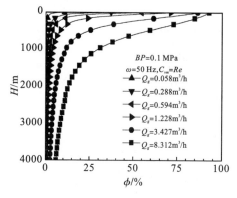

图 4-11　气侵率对空隙率的影响

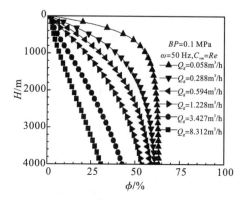

图 4-12　气侵率对波速的影响

图 4-13 及图 4-14 两图示出了钻井过程中环空回压（$BP=0.1\mathrm{Mpa}$、$BP=0.8\mathrm{Mpa}$、$BP=1.5\mathrm{Mpa}$、$BP=2.5\mathrm{Mpa}$、$BP=5.0\mathrm{Mpa}$、$BP=6.5\mathrm{Mpa}$）改变时，不同深度的环空中波速、空隙率的变化规律。当回压增大时，相当于对整个密封系统施加压力，压力从井口向井底传播，使整个井筒环空的压力均增加，根据 PVT 方程可知，环空各点的空隙率均减小、波速呈现增大趋势。单位体积气体压力的增加使气体密度增大，减小了气液界面间动量、能量传递的损失，加大了气液相间的动量交换，从而使环空中压传播速度增加。

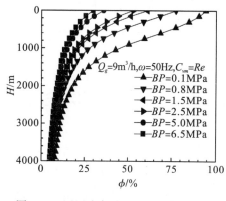

图 4-13　回压速度对环空空隙率的影响

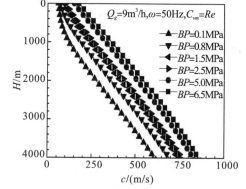

图 4-14　回压速度对环空波速的影响

图 4-15 及图 4-16 分别示出了泡状流和弹状流中频率变化时，虚拟质量力对波速的影响。考虑虚拟质量力时，虚拟质量力加大了气液相间动量交换，降低了压力波的传播速度；在低频段（$\omega<500\mathrm{Hz}$），两相间有足够的时间进行动量交换，波速随

频率增大平缓增加；当扰动频率增大到 500Hz 时，两相间没有足够的时间进行动量交换，压力波的色散性基本不存在，波速趋于恒定值。不考虑虚拟质量力时，波速变化仅发生在一定角频率区域内，压力波在 $\omega=1\sim100$Hz 内波速基本不变，随空隙率的增大，泡状流和弹状流波速的变化范围均向频率小的方向移动；$\omega>100$Hz 后，随扰动频率的增大，波速呈增大趋势，与考虑虚拟质量力的计算结果差异逐渐增大；扰动频率增大到较高范围后，压力波速随扰动频率的增大基本不变。

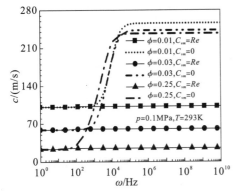

图 4-14　泡状流中波速与频率的关系

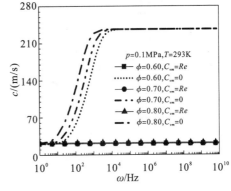

图 4-15　弹状流中波速与频率关系

图 4-16 示出了不同角频率($\omega=50$Hz、$\omega=300$Hz、$\omega=800$Hz、$\omega=1600$Hz、$\omega=5000$Hz)时，考虑虚拟质量力与不考虑虚拟质量力的波速的规律。频率对波速的计算也有一定的影响，当不考虑虚拟质量力时，低频角频率对波速有微小影响，随角频率的增大，波速逐渐增大。图 4-17 示出了不同角频率($H=0$m、$H=1000$m、$H=2000$m、$H=4000$m)时，角频率对压力波速的影响规律。当角频率到达高频段时，高频的变化对波速的影响不显著，波速趋于一致。随角频率的变大，在高频扰动下，相间来不及动量、能量交换，因而波的色散基本不存在，达到一定的极限后，趋于恒定波速，这与水平管道中的虚拟质量力计算结果是一致的。如果按照常规的波速公式计算，会使波速变大，对测井、关井、节流阀计划制定也存在一定误差，容易减小关阀时间，造成过大的水击，可能引起井漏等钻井事故。

图 4-18 示出了不同气侵量($Q_g=0.594$m³/h、$Q_g=1.098$m³/h、$Q_g=1.768$m³/h)时，不同深度的井筒环空中虚拟质量力对波速的变化规律。考虑虚拟质量力与不考虑虚拟质量力，在井口处压力波速有较大变化。随井底气侵速度的增大，虚拟质量力对环空的影响增大，越靠近地面虚拟质量力对波速的影响越大，通过本例的模拟可知，在环空 $H=500$m 以下虚拟质量力对波速影响较小。图 4-19 示出了不同压力($p=0.1$MPa、$p=0.8$MPa、$p=2.0$MPa)时，考虑虚拟质量力与不考虑虚拟质量力空隙率对压力波速的影响规律。引起界面动量交换的虚拟质量力对压力波速有一定影响，忽略虚拟质量力时，最小波速要大于考虑虚

拟质量力计算的最小波速，使得最低点均向左移动。考虑虚拟质量力、狭义阻力的存在，会加大气液两相间的动量交换，气液两相流压力波的色散性就会显著减弱，从而降低压力波波速，虚拟质量力在弹状流中比泡状流中对波速的影响更大，这与 Chung 等所得到的本节小结一致。

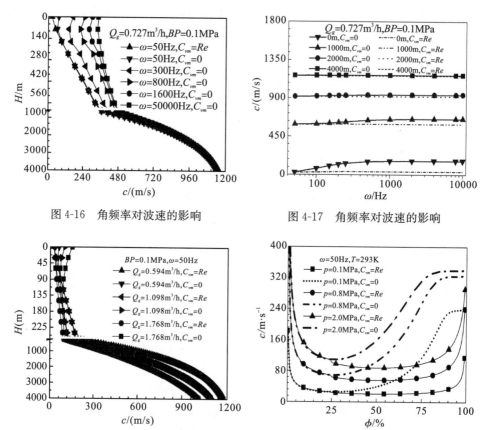

图 4-16　角频率对波速的影响　　　　图 4-17　角频率对波速的影响

图 4-18　虚拟质量力对压力波速的影响　　图 4-19　虚拟质量力对压力波速的影响

图 4-20 及图 4-21 示出了钻井过程中，井底发生不同速率的气侵时（$Q_g=0.36\text{m}^3/\text{h}$、$Q_g=1.08\text{m}^3/\text{h}$、$Q_g=1.80\text{m}^3/\text{h}$、$Q_g=3.6\text{m}^3/\text{h}$），不同深度的井筒环空波速、空隙率的变化规律。随气体侵入的增加，井筒中波速相应地减小。在井口处，当 $Q_g=3.6\text{m}^3/\text{h}$ 的波速大于 $Q_g=0.36\text{m}^3/\text{h}$ 的波速，这是由波速主要受到空隙性质决定的，在气相空隙率较小时，波速随空隙率的增加而减小，但当空隙率增加到一定程度，波速随着气相空隙率的增加而增大。气液两相的密度变化不大，但可压缩性显著变大，使介质呈现较大弹性，因此少量气体的混入会明显降低波速。随空隙率变大，气液两相可压缩性不断变大，加大了气液两相的压缩性，使气液相间能量、动量交换加剧，能量耗散变大，此时液弹中波速的减小比气弹中波速的增加小，从而压力波的传播速度继续降低。

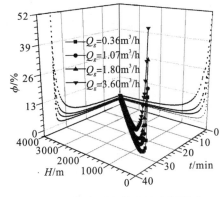

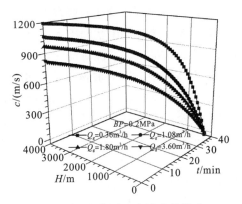

图 4-20　气侵对气体空隙率的影响　　　图 4-21　气侵对压力波速的影响

图 4-22 示出了钻井过程中，井底发生不同速率的油侵时（$Q_o = 0.36\text{m}^3/\text{h}$、$Q_o = 1.08\text{m}^3/\text{h}$、$Q_o = 1.80\text{m}^3/\text{h}$、$Q_o = 3.6\text{m}^3/\text{h}$），不同深度的井筒环空波速、空隙率的变化规律。油侵的增加对空隙率的影响不大，这是由于空隙率主要受到压力、温度和气体含量的影响，当油侵量从 $0.36\text{m}^3/\text{h}$ 增大到 $3.6\text{m}^3/\text{h}$ 时，对体系的空隙率、压力及温度的影响不大。图 4-23 示出了，当油－气－水三相溢流时，随油侵入量增加，压力波速均有减小的趋势。与气侵不同的是，随油侵入量的增加，压力波速变化很小。这是由于气相比油相的可压缩性大很多，因此相同的增量侵入，油相的体积分数增幅不大，而气相的空隙率大幅增大。当水侵时，由于水相与钻井液物理性质相近，在井底水相与钻井液相溶一起，可减小钻井液密度，但对压力波速的影响甚微，这里不做分析。

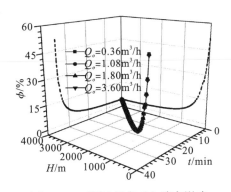

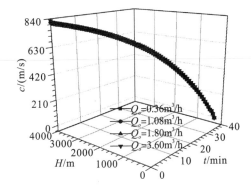

图 4-22　不同油侵率对空隙率影响　　　图 4-23　不同油侵率对压力波速的影响

4.4　含水合物油包水管道输送体系的压力波速研究

天然气水合物是天然气及石油开采、加工及运输过程中，在一定温度、压力下天然气中烃分子与其中游离水结合形成的冰雪状复合物。水合物导致天然气/

原油生产设备和输送管线的堵塞，从而影响天然气的开采、集输及加工设备的正常运转，是一个长期困扰油田生产及运输的棘手问题。海底的高压、低温环境都很适宜水合物的生成，深海油气管输中水合物问题尤为突出。在含水合物油包水管道输送体系中，压力波速作为多相流动的重要参数之一，不仅影响到管道壁厚、油水比的选择，还关系到管道运行中泵站及阀门的停输再启动时间，对输送设备的安全运行、可靠性设计及多相流动参数测量具有重要意义。

近年来，国内外学者对水合物的预测及水合物浆体流动规律进行了大量的实验、理论研究工作，然而关于水合物的油包水体系的压力波速研究亟待深入。本章以含水合物油包水输送体系为研究对象，考虑相间虚拟质量力、相间阻力、水合物相变及油相的压缩性，建立了含水合物的油包水输送体系压力波速两流体模型，依据小扰动原理、气体状态方程，得到压力波速计算方程。分析了不同含气率、压力、虚拟质量力及角频率等参数对含水合物油包水体系压力波速度的影响规律。

4.4.1 液相波速求解

由于油相与水相的弹性模量不同，其压缩体积由油相压缩量与水相压缩量组成。

管道中油相体积压缩变形量为

$$V_o = \frac{p_o \phi_o A \Delta L}{E_o} \qquad (4\text{-}55)$$

式中：V_o 为油相体积变形量，m^3；p_o 为油相压强，Pa，E_o 为油相弹性模量，Pa；A 为横截面积，m^2，ΔL 变形长度，m；ϕ_o 为油相体积分数。

水相体积压缩变形量为

$$V_w = \frac{p_w \phi_w A \Delta L}{E_w} \qquad (4\text{-}56)$$

式中：V_w 为水相体积变形量，m^3；E_w 为水相弹性模量，$1/Pa$；ϕ_w 为水相体积分数。

管道膨胀量的体积压缩变形量为

$$V_g = \frac{p_g D A \Delta L}{E_g e} \qquad (4\text{-}57)$$

式中：V_g 为管道体积变形量，m^3；E_g 为管道弹性模量，$1/Pa$；D 为管道直径，m；e 为管道粗糙度，m。

根据流体的连续性原理，流入的油水量等于油水体积压缩量和管道膨胀的体积之和：

$$V_m = V_o + V_w + V_g \qquad (4\text{-}58)$$

式中：V_m 为总体积变形量，m^3。

假定管道中初始流速为 v_0，关闭阀门后的终了流速 v_1，则 $\Delta t = \Delta L/a$ 时段

进入 ΔL 段的油水体积为

$$V_m = (v_0 - v_1)A\Delta t = \Delta v A\Delta t \tag{4-59}$$

由动量定理可得

$$Ap\Delta t = \rho_m A\Delta L\Delta v \tag{4-60}$$

整理得

$$c_l = \sqrt{\frac{E_m}{\rho_m}} \tag{4-61}$$

式中：c_l 为油包水液相压力波速，m/s。

其中：$\rho_m = \phi_o\rho_o + \varphi_w\rho_w$；$E_m = \dfrac{1}{\phi_o/E_o + \phi_w/E_w + D/(E_g e)}$。

水合物分解气的产量方程为

$$N_g = 0.7042 N_H \{0.5355 + 0.1524\ln[1.042(p - p_0)t] + 0.02546\}$$

$$\tag{4-62}$$

式中：N_g 为 t 时刻生成的分解气的物质的量，mol；N_H 为天然气水合物分解前的物质量，mol；p 为水合物压力，MPa；p_0 为相平衡压力，MPa；t 为时间，min。

压力与密度存在以下关系：

$$\mathrm{d}p_g/\mathrm{d}\rho_g = c_g^2 \tag{4-63}$$

式中：c_g 为水合物分解气相波速，m/s。

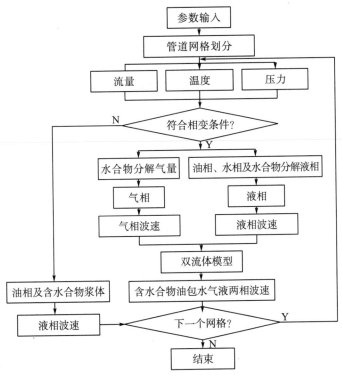

图 4-24　含水合物油包水输送过程中压力波速求解流程图

含水合物油包水输送体系的压力波速求解可参照流程图 4-24 所示的步骤，先对管道网格划分，判断每个网格的水合物是否达到分解，从而判断是否继续计算，直至最后一个网格。

4.4.2 模型验证

由于油包水合物在管道输送过程中测量压力波速较困难，如图 4-25 示出了本章模型计算的压力波速同前人气液两相试验测得的压力波速比较，结果具有一致性，可证明本章模型计算的准确性。

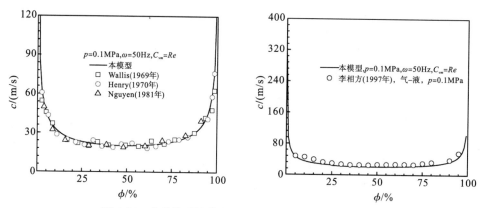

图 4-25 本章模型计算的压力波速与前人实验结果对比

4.4.3 含水合物油包水波速变化规律分析

含水合物的油包水输送体系如图 4-26 所示，气体成分为甲烷，输送液相为油包水。假设水合物在油包水输入口的含量为 2%，管道中的流体温度为 275K，管道长度为 4000m；油相弹性模量为 1.6×10^9 Pa；水相弹性模量为 2.0×10^9 Pa；管道直径为 0.1480m，油相密度为 0.8g/cm^3；水相密度为 1g/cm^3；管道模量为 2.839×10^9 Pa；油相输量为 35L/s；水相输量为 10L/s。利用本章提出的含水合物油包水两相压力波速模型，分析不同含气率、温度、管道长度、压力、虚拟质量力及角频率等参数对压力波速的影响规律。采用 VC++计算机语言编程，根据以上参数，可以得到压力、温度、频率及虚拟质量力等不同参数对压力波速的影响[87]。

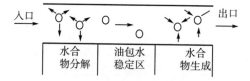

图 4-26 含水合物的油包水输送体系示意图

图 4-27～图 4-37 中：$C_{vm} = Re$ 表示虚拟质量力系数为实数，按式(4-36)或(4-37)计算；p 为体系压力，MPa；p_0 为输油管道初始压力，MPa；ϕ_s 为水合物含量，%；ϕ 为含气率，%；c 为压力波速，m/s；t 为水合物分解时间，min。

1. 水合物相变示意图

图 4-27 示出了，不同温度压力下，水合物相变及分解气量规律。水合物开始剧烈分解，随后分解趋势较平缓。水合物的相变曲线是指水合物发生分解与合成的临界压力及临界温度点连接而成的曲线。图 4-27 列举了水合物在 0～15MPa，温度在 0～17℃范围内水合物的相变点。图 4-28～图 4-37 的计算均按照图 4-27 所示的水合物分解规律及相变曲线计算。

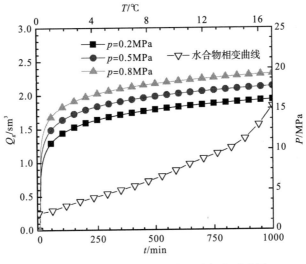

图 4-27 水合物分解气生成量及相变示意图

2. 水合物含量及频率对压力波速的影响

图 4-28 示出了，压力变化时（$p = 1$MPa、$p = 2$MPa、$p = 5$MPa 及 $p = 7$MPa），随水合物分解气体的含气率变化，压力波速的变化规律。随水合物分解出的气相含量增大，油包水体系的压缩性增大，压力波速先呈现减小的趋势，随分解气体的含气率增大，体系中的气弹压缩性大于液弹压缩性，波速呈现增大的趋势，这与气液两相压力波速变化规律一致。图 4-29 示出了，压力变化时（$p = 1$MPa、$p = 2$MPa、$p = 4$MPa 及 $p = 7$MPa），随角频率的变化，油包水体系所受压力波速变化规律。当水合物含量为 0.1，输送时间为 3 分钟时，在角频率 $\omega \leqslant 100$Hz 的低频段，气液相间有足够的时间进行动量交换，压力波速随频率增大平缓增加；当角频率 $\omega \geqslant 500$Hz 时，气液两相间没有足够的时间进行动量交换，压力波的色散性基本不存在，波速趋于恒定值。

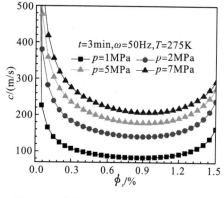

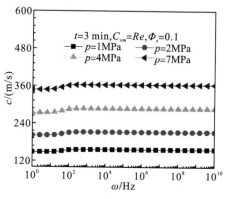

图 4-28 水合物含量对压力波速的影响   图 4-29 频率对压力波速的影响

3. 压力对压力波速的影响

图 4-30 示出了，含水合物油包水输送体系中水合物含量变化时（$\phi_s = 0.1$、$\phi_s = 0.18$、$\phi_s = 0.3$ 及 $\phi_s = 0.5$），3 分钟油包水的输送过程中，水合物在油水中（油水比为 1），随压力的增大，管道中含气率的变化规律。如图 4-31 所示，在低压下，不在水合物相变区内，水化合物不分解，此时气相含气率为 0。随体系压力的增大，水化合物在油包水中开始分解时，体系的含气率逐渐增加，在 $\phi_s = 0.5$ 的高含水合物情况下，分解趋势增大。图 4-31 示出了水合物在油包水体系中含量变化时（$\phi_s = 0.1$、$\phi_s = 0.18$、$\phi_s = 0.3$ 及 $\phi_s = 0.5$），3 分钟油包水的输送过程中（油水比为 1），随体系压力的增大，管道中压力波速的变化规律。随水合物含量的增加分解的含气量大幅度增加，使得体系的压缩性增大，压力波速减小。在低压下，虽然水合物没有分解，但随体系压力的增加，油相压缩性增大，从而压力波速呈现增大趋势。当气体出现，压力波速急剧降低，由于气体分解使得体系的压缩性的增大幅度小于压力使得体系的压缩性的增大幅度，因此仍呈现缓慢的增长趋势。

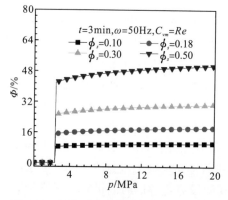

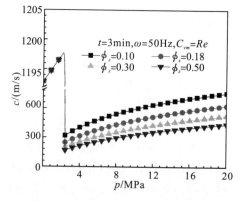

图 4-30 压力对水合物分解含气量的影响   图 4-31 压力对体系压力波速的影响

4. 温度对压力波速的影响

图 4-32 示出了，压力变化时（$p = 4\text{MPa}$、$p = 5\text{MPa}$、$p = 6\text{MPa}$ 及 $p = 7\text{MPa}$），随温度增加，管道中水合物分解的含气率变化规律。由于含水化合物的分解是在一定温度及压力条件下发生相变。开始时，达到水合物分解条件。当温度 $T \geqslant 270\text{K}$ 时，由于温度压力不满足水合物相变条件，因此含水化合物不分解，此时气相含气率为 0。当含水化合物开始分解时，压力对水合物分解的影响比温度大。图 4-33 中说明了压力变化时（$p = 4\text{MPa}$、$p = 5\text{MPa}$、$p = 6\text{MPa}$ 及 $p = 7\text{MPa}$），油包水体系压力波速随温度的变化规律。当温度或压力不满足水合物分解时，虽无气相分解出来，但对油相的压缩性有很大的影响，因此在 $T \geqslant 284\text{K}$ 时，原油的压缩性增加，压力波速呈现降低的趋势。

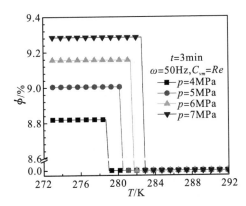

图 4-32　温度对水合物分解含气量的影响

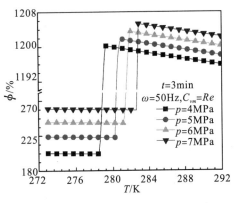

图 4-33　温度对体系压力波速的影响

5. 虚拟质量力对压力波速的影响

图 4-34 示出了，水合物含量变化时（$\phi_s = 0.4$ 及 $\phi_s = 0.5$），含水合物油包水的输送过程中（油水比为 1），随压力的增大，管道中压力波速的变化规律。考虑虚拟质量力与不考虑虚拟质量力对水合物中油包水输送体系的压力波速的影响。从计算可知，不考虑虚拟质量力对体系的压力波速影响很大，使波速大幅增加。当体系的含气率较小时，影响不大，随含气率的变大，虚拟质量力对压力波速影响加大。图 4-35 示出了，管道中压力变化（$\phi_s = 0.5$ 及 $\phi_s = 0.4$），随输送管道长度增加，虚拟质量力对油包水中压力波速的影响。压力波速不但受到含气率、温度及压力的影响，虚拟质量力对压力波速的影响不可忽略。不考虑虚拟质量力时，随含气率的增大，压力波速减小趋势增大。

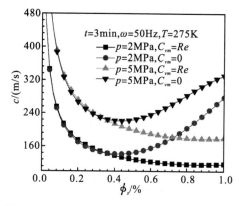 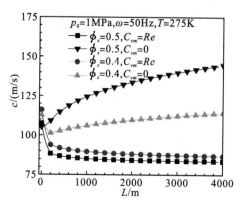

图 4-34　虚拟质量力对体系的压力波速的影响　图 4-35　水合物含量对体系的压力波速影响

6. 输运管道长度对压力波速的影响

图 4-36 及图 4-37 示出了，水合物在油包水输送中，输送管道各点的水合物含量及含气量对压力波速的影响规律。由于水合物在输送过程中，随输送时间增大，水合物分解出的气量增大，从输入端开始，水合物开始分解，此时油包水中的含气率最小，相反，波速达到最大，在管线 4000m 的末端，水合物分解时间最长，此时达到含气率最大，压力波速最小。随水合物含量的增大及分解时间延长均可使油包水输送的含气量增大，压力波速减小。由于少量气体的产生会对压力波速的影响很大，因此水合物的分解会大大影响阀门停输再启动操作。由于含水化合物的分解是在一定温度和压力的条件下发生相变。当温度或压力不满足时，含水化合物不分解，此时气相含气率为 0。当含水化合物开始分解时，压力对气体分解的影响比温度大。

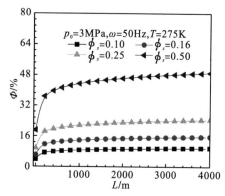 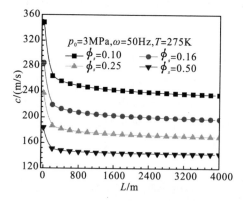

图 4-36　水合物分解气生成量示意图　　　图 4-37　管道长度对压力波速的影响

4.5 本章小结

通过本章模型的建立，计算机编程求解，主要得到了以下结论：

(1)随回压增大，环空中压力波速逐渐增大，沿环空从井底至井口方向，压力波速逐渐减小。当回压从 0.1MPa 增至 6MPa 时，井口波速急剧增大，波速从 40.77m/s 增至 273.92m/s；井底波速平缓增加，波速从 825.41m/s 增至 845.35m/s。

(2)随气/油溢流量增大，压力波速均呈现减小趋势。当井底气/油侵量从 0.36m³/h 增至 3.6m³/h 时，由于油相可压缩性相对气相大幅减小，气侵量增大引起的波速增幅为 50.66%，油侵量增大引起的波速增幅为 3.19%。

(3)在 1000m 井深低频段($\omega<500$Hz)，随频率增大，不考虑虚拟质量力对压力波速影响误差逐渐增大，误差增幅为 0.55% 增至 9.52%，在 1000m 井深高频段($\omega\geqslant500$Hz)，随频率增大，不考虑虚拟质量力产生的波速误差趋于稳定。

(4)管道输送过程中，水合物对体系压力波速的影响很大。在水合物分解区域，由于气体的出现，使体系的压缩性大幅增加，压力波速急速降低；反之，在水合物生成区域，体系的压缩性减小，压力波速急剧增大。

(5)压力、温度、油水比、油相密度及管径对压力波速均有很大影响。随油水比、管径及温度的减小，压力波速呈减小趋势；随压力及油相密度增加，压力波速呈增加趋势；输送压力及温度对输送体系压力波速的影响，主要是通过影响水合物的分解速度产生的。

(6)由于油相的压缩系数及密度受温度、压力影响比水相大，因此管道输送油水两相的压力波速计算时，要充分考虑油相物理性质的变化。

(7)含水合物油包水输送体系中的压力波速的影响因素较多，当外界条件及管道本身的条件发生变化的时候，应重新计算压力波速，重新考虑输送体系的防护措施。

第5章 井筒多相压力响应特性

在钻遇高压储层时，地层流体极易侵入环空，产生喷漏事件。常规的做法是调节节流阀，在井口产生回压抑制气侵的发生。当节流阀动作时，井口产生回压，从而抑制井底溢流的发生，节流阀动作时，环空中压力响应时间与压力波速密切相关。常规控压钻井计算中，把这个回压瞬时加载到井底，但事实上，节流阀回压以压力波速的形式向井底传播。在 H=4000m 的井深单相钻井液中回压可以几秒内传到井底，对计算多相流影响不大，但当气体侵入环空时，由于气体压缩性增大，使压力波速急剧降低，回压传到井底可能需数十秒时间，如果多相流计算中瞬时把回压加载至井底，井底气侵立即停止，实际上要经过数十秒这个气侵才能停止，因此不考虑压力响应时间计算的多相流参数存在一定误差。影响压力响应时间的实质表现在传播介质的可压缩性，传播介质的压缩性增大，压力响应时间增大，反之，压力响应时间则减小。溢流量减小/套压增大均使环空中气液两相流体的可压缩性显著减小，从而压力响应时间减小。本实例分析了不同气侵量、套压及井深条件下，节流阀动作引发的压力响应时间变化规律[88,89]。

5.1 压力响应求解及其在钻井中应用

在控压钻井的环空中，利用压力波速与环空长度的关系，建立如下压力响应时间模型：

$$t(H_i) = \sum_i \frac{H_i}{c(p,\phi,\omega,T)}, i \leqslant n \qquad (5\text{-}1)$$

式中：$t(H_i)$ 为第 i 网格井深的压力响应时间，s；H_i 为 i 网格长度，m；p 为压力，MPa；ϕ 为气相空隙率；ω 为角频率，Hz；T 为环空中流体温度，℃。

试验井中：钻井液密度为 1460 kg/m³；管柱弹性模量为 2.07×10^5 MPa；管柱泊松比为 0.3，粗糙度为 0.0015 m；地层温度梯度为 0.025℃/m；钻井液排量为 56 L/s。图 5-1～图 5-6 中：BP 为套压，MPa；c 为压力波速，m/s；Q_g 为气体溢流量，m³/h；ω 为角频率，Hz；H 为井深，m。

图 5-1 示出了，钻井过程中，井底发生不同速率的气侵时（Q_g=0.033m³/h、Q_g=0.339m³/h、Q_g=1.130m³/h 及 Q_g=2.732m³/h），不同深度的环空中压力波速变化规律。气体从地层侵入井底，沿环空向井口滑移的过程中，环空压力将逐渐减小，气体体积逐渐膨胀，从而环空中空隙率逐渐增大，当气体运移至井口

时空隙率迅速膨胀，气液两相的压缩性大幅增大，因此井口处的压力波速大幅度减小。图 5-2 对应图 5-1 的压力波速变化示出了，环空中各点的压力响应时间变化规律。当井底气侵增大时，虽使环空中气液两相的密度无大幅变化，但可使气-钻井液两相的压缩性显著增大，环空中各点的压力波速减小，从而，环空各点的压力响应时间延长，使得节流阀产生的回压到达井底时间滞后。随空隙率增大，气液两相可压缩性不断增大，使气液相间能量及动量交换加剧，从而相间能量耗散变大，压力响应时间继续增大。由于井口空隙率大幅变化，井口段的压力响应时间变化较大。

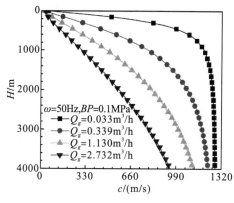

图 5-1　气体溢流量对压力波速的影响

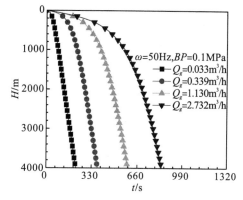

图 5-2　气体溢流对压力响应时间的影响

图 5-3 示出了，钻井过程中，套压（$BP = 0.1\text{Mpa}$、$BP = 1.0\text{Mpa}$、$BP = 3.0\text{Mpa}$ 及 $BP = 6.0\text{Mpa}$）改变时，不同环空深度压力波速变化规律。随套压增大，相当于对整个密封环空施加压力，根据 PVT 方程知，单位体积气体的压力增加使气体密度增大，使环空各点的空隙率均减小，减小了气液界面间动量、能量传递的损失，加大了气液相间的动量交换，因此压力波速呈现增加趋势。图 5-4 对应图 5-3 的压力波速变化示出了，环空中各点的压力响应时间变化规律。随套压增加，压力响应时间显著减小。套压增加使环空中气液两相流体的可压缩性显著减小，减小了气-钻井液两相的弹性，使压力传播的速度增大，因此压力响应时间减小。

图 5-5 示出了钻井过程中，井深（$H = 1000\text{m}$、$H = 2000\text{m}$、$H = 3000\text{m}$ 及 $H = 4000\text{m}$）变化时，环空中压力波速变化规律。在井底相同的气侵量（$Q_g = 1.28\text{m}^3/\text{h}$）井口节流阀动作时，随井深的变化，在环空中产生不同的压力波速变化。如 $H = 4000\text{m}$ 的井底，气侵量为 $1.28\text{m}^3/\text{h}$，当气体运移至 1000m 时，气体在环空的流量远大于 $1.28\text{m}^3/\text{h}$，同发生 $1.28\text{m}^3/\text{h}$ 气侵的 1000m 相比，4000m 井深的气体运移至 1000m 的空隙率远超于 1000m 井深的空隙率，从而压力波速显著减小。图 5-6 对应图 5-5 的压力波速变化示出了，压力响应时间的变化规律。

环空中压力响应时间与压力波速密切相关，相同的气侵量，随井深的增加，压力响应时间增大，但相对同一井深，浅井的压力响应时间增大趋势较大。压力响应时间的实质是气液两相介质的压缩性，压缩性小，压力响应时间短，反之压力响应时间大。

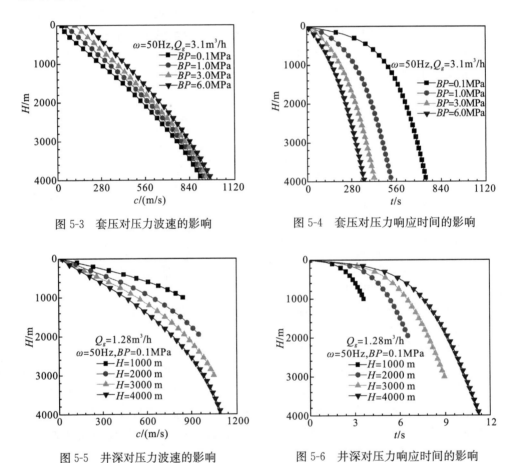

图 5-3　套压对压力波速的影响　　　　　图 5-4　套压对压力响应时间的影响

图 5-5　井深对压力波速的影响　　　　　图 5-6　井深对压力响应时间的影响

精确判断气侵位置不仅有助于分析复杂的地层结构，而且能针对气侵具体位置采取有效的措施，如增加钻井液密度、加大回压或下套管封隔等方法来抑止气侵。如何准确判定气侵位置，已成为目前钻井工程中亟待解决的难题。因此，非常有必要提供一种快速、准确监测气侵位置的方法和装置。对于不同井深气侵时，压力波响应图版是唯一的。根据这个原理，我们只需在井口测出压力响应时间(具体压力响应测量流程见图 5-7)，可以计算出任意时刻任意深度的不同井深的压力波速及压力响应图版，即可预测井筒气侵位置。

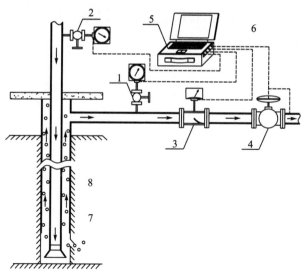

（1—回压，2—立压传感器，3—气液流量计，4—液动节流阀，

5—工控机，6—数据线，7—套管，8—钻杆）

图 5-7　压力响应测试示意图

图 5-8、图 5-10 及图 5-12 中示出了 3 组压力波速变化图，图 5-9、图 5-11 及图 5-13 示出了 3 组压力波响应变化图。下文中这 3 组压力波速及压力响应图只是举例说明，并不局限于这几组。图 5-8 及图 5-9 示出了，钻井过程中井底发生不同速率的气侵时（$Q_g = 0.05 \text{m}^3/\text{h}$、$Q_g = 0.22 \text{m}^3/\text{h}$、$Q_g = 0.51 \text{m}^3/\text{h}$、$Q_g = 0.98 \text{m}^3/\text{h}$、$Q_g = 1.67 \text{m}^3/\text{h}$、$Q_g = 3.73 \text{m}^3/\text{h}$、$Q_g = 5.01 \text{m}^3/\text{h}$、$Q_g = 8.42 \text{m}^3/\text{h}$、$Q_g = 17.91 \text{m}^3/\text{h}$ 及 $Q_g = 48.34 \text{m}^3/\text{h}$），压力波速及压力响应图的变化趋势。当井底气侵量增加时，压力波速也减小，反之，压力响应时间增大。

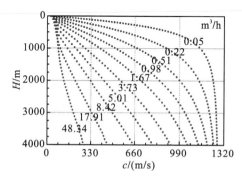

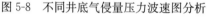

图 5-8　不同井底气侵量压力波速图分析

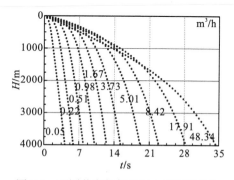

图 5-9　不同井底气侵量压力响应图分析

图 5-10 及图 5-11 示出了，当井气侵量为 $Q_g = 1.28 \text{m}^3/\text{h}$ 时，不同深度（$H = 500 \text{m}$、$H = 1000 \text{m}$、$H = 1500 \text{m}$、$H = 2000 \text{m}$、$H = 2500 \text{m}$、$H = 3000 \text{m}$、$H = 3500 \text{m}$ 及 $H = 4000 \text{m}$），压力波速及压力响应图的变化趋势。在井底段压力波速

及压力响应变化较小，而在井口段压力波速及压力响应均有明显的变化。

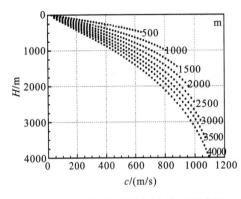

图 5-10　不同环空深度压力波速图分析

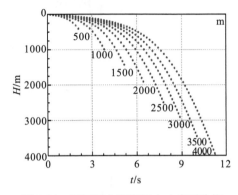

图 5-11　不同环空深度压力响应图分析

图 5-12 及图 5-13 示出了，环空套压（$BP=0.1\text{Mpa}$、$BP=1.0\text{Mpa}$、$BP=2.6\text{Mpa}$、$BP=4.5\text{Mpa}$、$BP=7.0\text{Mpa}$、$BP=10\text{Mpa}$、$BP=14\text{Mpa}$ 及 $BP=19\text{Mpa}$）变化时，压力波速及压力响应图的变化趋势。

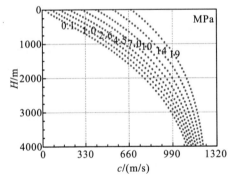

图 5-12　不同回压压力波速图分析

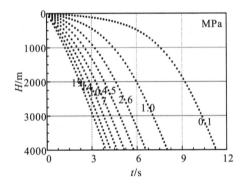

图 5-13　不同回压压力响应图分析

5.2　大跨越管道油气混输压力响应特性研究

在常规地形条件下，长输油气管道采取管沟开挖埋地敷设方式，在山川、河流、高速、铁路等特殊地形条件下，需采取穿越或跨越的敷设方式。当管道较长，且与地面倾角较大时，现场工程师常称为大跨越管道输送。本章的研究范围属于山川大跨越输送中的一种。在油品的输送中，出站报警压力、注入管道的油品温度、管道系统中任一点的工作压力、油品停输时的静压力以及阀门操作速度等参数均对油品的输送效率起着较大的影响，在油品输送前，这些参数均需优化，以达到精细化输送的目的。压力波速是计算波动压力的重要参数，关系着介质中压力的变化过程，是衔接波动压力与稳态压力的桥梁。与单相流动中的压力波速不同，油气压力波传播速度与流动过程中油气介质的相互掺混、流动的不稳定性等结构特性有关。油品的输运过程中常伴随着气体的出现，尤其在大跨越管道输送中，由于气体的混入，高点的含气率往往是低点含气率的数十倍，使得压力波速沿管道方向时刻变化。常规做法采用均相流动假设，恒定波速计算油气混输多相波动压力，这与实际情况存在较大偏差，其求解结果并不准确，难以达到精细化输送的要求。

以兰成渝成品油输送过程中某段管道的油气混输为例，分析管道长为 3000m，管径为 Φ800mm，管道高点气体排出量为 200L/s，管道与地面的倾角为 30°，管道的泊松比为 0.3，管道的弹性模量为 2.07e11，高点（即图 5-14 中出口）输出压力为 1.5MPa，低点（即图 5-14 中入口）输入压力为 18.5MPa，油品输量为 285L/s，油气输送简图见图 5-14 所示，其中压力的扰动源为阀门开关产生的瞬变压力。

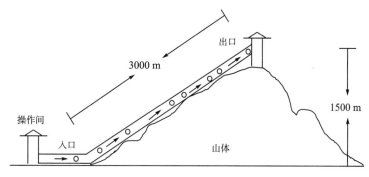

图 5-14　大跨越管道油气混输简图

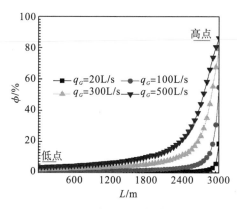

图 5-15　混气量对含气率的影响

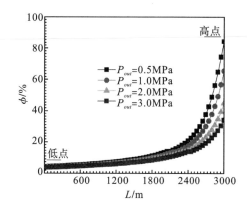

图 5-16　出口压力对含气率的影响

图 5-15 示出了随混气量增大（$q_G=20$L/s、$q_G=100$L/s、$q_G=300$L/s、$q_G=500$L/s），含气率逐渐增大的变化趋势。沿混输管道从低点（low）至高点（high），管道含气率逐渐增大。管道混输低点与混输高点相比，气相呈现高压状态，气体

体积受到压缩，含气率较小，沿管道低点向高点运移的过程中，气体体积逐渐膨胀，含气率呈现增大的趋势。图 5-16 示出了随出口压力增大（$p_{out}=0.5\text{MPa}$，$p_{out}=1.0\text{MPa}$，$p_{out}=2.0\text{MPa}$，$p_{out}=3.0\text{MPa}$），含气率逐渐减小的变化规律。沿油气混输管道从低点至高点，管道含气率逐渐增大。在长跨越管道中，近低点处含气率变化不大，但气体运移至高点处，气体体积急剧膨胀，这是由于气体在高点所受的压力急剧减小的缘故。

5.2.1　混输量对压力响应时间影响

图 5-17 及图 5-18 示出了随混气量增大（$q_G=20\text{L/s}$、$q_G=100\text{L/s}$、$q_G=300\text{L/s}$、$q_G=500\text{L/s}$），沿管道低点向高点方向，压力波速逐渐减小及压力响应时间逐渐变大的变化趋势。压力波速的变化受气相的影响较大，即使少量气体也能较大程度上影响压力波速。在输运管道低点处，由于压力高达约 16MPa，气体受到高度压缩，压力波速的变化不明显，几乎收敛于 960m/s，在混输管道高点处压力波速减小至 32m/s。压力响应时间与压力波速呈现相反趋势，随混气量的增大压力波速呈现减小趋势，而压力响应时间呈现增大的趋势。

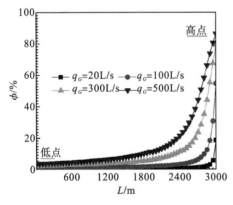

图 5-17　混气量对压力波速影响

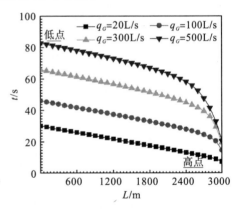

图 5-18　混气量对压力响应时间影响

5.2.2　混输管道出口压力对压力响应时间影响

图 5-19 及图 5-20 示出了随出口压力增大（$p_{out}=0.5\text{MPa}$、$p_{out}=1.0\text{MPa}$、$p_{out}=2.0\text{MPa}$、$p_{out}=3.0\text{MPa}$），沿油气混输管道低点向高点，压力波速逐渐增大及压力响应时间逐渐减小的变化趋势。随混输管道高点压力增大，压力波速呈现增大的趋势，但对混输管道低点的压力波速影响不大。压力波速对油气混相的压力、含气率较敏感，沿管道低点向高点方向，压力逐渐降低，气相含气率逐渐增大，因此压力波速降低，压力响应时间逐渐增大。混输高点（即出口）压力增

大，相当于对整个油气混输管道整体加压，因此压力波速呈现整体增大的趋势，而压力响应时间呈现减小的趋势。

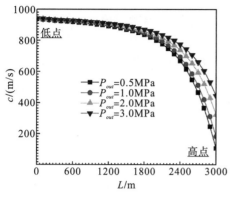

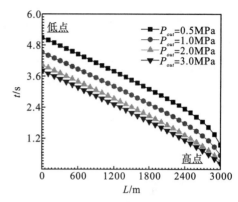

图 5-19　混输管道出口压力对压力波速影响　　图 5-20　混输管道出口压力对压力响应时间影响

5.2.3　系统压力对压力波速的影响

图 5-21 示出了在一定含气率条件下（$\phi = 0.05$、$\phi = 0.15$、$\phi = 0.35$、$\phi = 0.55$），系统压力对压力波速的影响规律。随系统压力增大，压力波速呈现增大趋势，当系统压力到达一定范围时，压力波速的增加趋势变缓。系统压力的增大，使得气体的可压缩性减小，因此，油气两相的压力波速增大，当系统压力增大到一定范围时，气体的可压缩性变化幅度较小，因此，压力波速变化趋势趋于平缓。

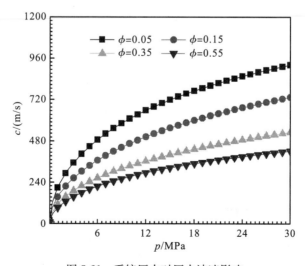

图 5-21　系统压力对压力波速影响

5.3　本章小结

（1）节流阀动作时，环空中压力响应时间与压力波速密切相关。钻井液中侵入少量的气体后，压力波速显著降低，压力响应时间明显延长。气体沿环空从井底向井口运移中，随空隙率的持续增大，压力响应时间呈逐渐增大趋势。

（2）影响压力响应时间的实质表现在传播介质的可压缩性，传播介质的压缩性增大，压力响应时间增大，反之，压力响应时间则减小。套压增加/溢流量减小均使环空中气液两相流体的可压缩性显著增大，从而压力响应时间减小。

（3）在控压钻井的多相流计算中充分考虑节流阀产生回压的压力响应，可增加计算的准确性。

（4）压力波速及压力响应时间受气体的影响较大，混输管道中混入少量的气体后，压力波速呈现显著降低的趋势，压力响应时间呈现显著增大的趋势，随混输管道中含气率增大，压力波速总是呈减小趋势，压力响应时间总是呈现增大趋势。

（5）随油气混输管道所受压力增大，气体不可压缩性增强，压力波速逐渐增大，压力响应时间逐渐减小，压力波速及其响应时间的变化趋势变得缓慢；对混输管道出口处加压，相当于对混输管道整体加压，压力响应时间减小，反之，压力响应时间增大。

（6）具体工程实例中，在混输低点处，气体受到的高压达 16MPa，因此，气体受到高度压缩，压力波速增大，压力响应时间呈现减小趋势，但变化不明显，几乎收敛于 960m/s，相反的，在混输高点处，压力波速及响应时间变化较为明显。

第6章　钻井操作中单相波动压力演变特性

对于管道中流体受力下的形态预测有两种方法可采用，一种为刚性液柱理论。这一理论认为全部液柱的任何部分都要被加速到相同的值，波动为无限大；另一种为弹性理论。这一理论认为任何压力变化将以一个很大的、但有限的波速传遍液柱。加入水力控制装置的作用时间比压力波通过液柱所需的时间长得多，才能应用到刚性液柱理论。弹性理论是普遍可以应用的，而且准确性也高得多，但理论本身通常比较复杂[90,91]。

6.1　井筒单相波动压力模型

当井口设备动作时，引起井口钻井液流速改变，钻井液的动能转化为压力势能，从而产生向井底传播的瞬变压力。在环空中，取任意倾角的微元环空作为控制体，如图 6-1 所示，考虑摩阻力、管壁弹性及钻井液弹性，建立瞬变压力的运动方程及连续方程。

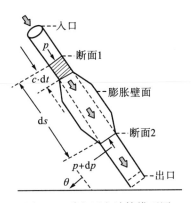

图 6-1　瞬变压力计算模型图

设 dt 时间内环空横截面积为 $A = A(s, t)$，钻井液压强为 $p = p(s, t)$，流速为 $v = v(s, t)$，c 为压力波传播速度，控制体 $\Delta s = c \cdot \Delta t$。设压力波通过微元环空 ds 前，控制体内钻井液的速度为 v_0，压力波通过微元环空后，流速变为 v，压强也由 p 增加到 $p + \Delta p$，横截面由 A 增加到 $A + \Delta A$，该微元控制体在 v 方向的运动方程可写为

$$pA + \rho g \left(A + \frac{\partial A}{\partial s} \frac{ds}{2} \right) ds \sin \theta + \left(p + \frac{\partial p}{\partial s} \frac{ds}{2} \right) \frac{\partial A}{\partial s} ds$$
$$- \left[pA + \frac{\partial (pA)}{\partial s} ds \right] - \tau_0 X ds = \rho \left(A + \frac{\partial A}{\partial s} \frac{ds}{2} \right) \frac{dv}{dt} \tag{6-1}$$

式中：p 为压力，MPa；A 为环空有效截面积，m^3；ρ 为钻井液密度，kg/m^3；g 为重力加速度，m/s^2，s 为沿环空井长，m；θ 为环空与水平面夹角，rad；τ_0 为环空壁对钻井液的摩擦应力，N/m^2，X 为控制体环空的湿周，m；v 为环空中钻井液流速，m/s。

考虑 $\frac{\partial H}{\partial s} = -\sin \theta$，$\frac{dv}{dt} = \frac{\partial v}{\partial t} + v \frac{\partial v}{\partial s}$，运动方程变形为

$$\frac{1}{\rho} \frac{\partial p}{\partial s} + \frac{\partial v}{\partial t} + v \frac{\partial v}{\partial s} + \frac{fv|v|}{8m} = 0 \tag{6-2}$$

式中：H 为环空垂深，m；f 为钻井液沿程环空阻力系数；m 为水力半径，m。

根据质量守恒定律，控制体中单位时间内流入与流出的钻井液质量差等于控制体质量改变。dt 时间内，控制体质量守恒方程为

$$\left[\rho A v dt + \frac{\partial (\rho A v dt) ds}{\partial s} \right] + \frac{\partial (\rho A ds)}{\partial t} = \rho A v dt \tag{6-3}$$

一维瞬变流的连续微分方程为

$$\frac{\partial p}{\partial t} + v \frac{\partial p}{\partial s} + \rho c^2 \frac{\partial v}{\partial s} = 0 \tag{6-4}$$

式中：c 为压力波传播速度，m/s。

压力波速可简写为

$$c = \frac{1}{\sqrt{\rho \left(\frac{1}{\rho} \frac{d\rho}{dp} + \frac{1}{A} \frac{dA}{dp} \right)}} \tag{6-5}$$

运动方程式简化为

$$\frac{\partial p}{\partial t} + \frac{\rho c^2}{A} \frac{\partial Q}{\partial s} = 0 \tag{6-6}$$

式中：Q 为钻井液流量，m^3/s。

连续方程式简化为

$$\frac{1}{\rho} \frac{\partial p}{\partial s} + \frac{1}{A} \frac{\partial Q}{\partial t} + \frac{fv|v|}{8m} = 0 \tag{6-7}$$

1. 管柱内

流性参数为

$$n = 3.322 \lg \frac{\phi_{600}}{\phi_{300}} \tag{6-8}$$

$$k = \frac{5.1\phi_{300}}{511^n} \tag{6-9}$$

雷诺数 Re

$$Re = \frac{800\rho V_i^{2-n}}{K\left[\dfrac{200 \cdot (3n+1)}{D_i}\right]^n} \tag{6-10}$$

层流中，当 $Re < 3470 - 1370n$ 时：

$$f = \frac{Re}{64} \tag{6-11}$$

过渡流中，当 $3470 - 1370n \leqslant Re \leqslant 4273 - 1370n$ 时，摩阻系数 f 为

$$f = \frac{64}{(3470 - 1370n)}$$
$$+ \frac{\left[\dfrac{\left(\dfrac{\lg n + 3.93}{50}\right)}{(4273 - 1370n)^b} - \dfrac{16}{(3470 - 1370n)}\right]\left[Re - (3470 - 1370n)\right]}{800} \tag{6-12}$$

紊流中，当 $Re > 4273 - 1370n$ 时：

$$f = \frac{4\left(\dfrac{\lg n + 3.93}{50}\right)}{Re^b} \tag{6-13}$$

2. 空井眼

流性参数为

$$n = 0.5\lg\frac{\phi_{300}}{\phi_3} \tag{6-14}$$

$$k = \frac{5.1\phi_{300}}{511^n} \tag{6-15}$$

雷诺数 Re

$$Re = \frac{800\rho V_i^{2-n}}{K\left[\dfrac{200 \cdot (3n+1)}{D_i}\right]^n} \tag{6-16}$$

层流中，当 $Re < 3470 - 1370n$ 时：

$$f = \frac{Re}{64} \tag{6-17}$$

过渡流中，当 $3470 - 1370n \leqslant Re \leqslant 4273 - 1370n$ 时，摩阻系数 f 为

$$f = \frac{64}{(3470 - 1370n)}$$
$$+ \frac{\left[\dfrac{\left(\dfrac{\lg n + 3.93}{50}\right)}{(4273 - 1370n)^b} - \dfrac{16}{(3470 - 1370n)}\right]\left[Re - (3470 - 1370n)\right]}{800} \tag{6-18}$$

紊流中，$Re > 4273 - 1370n$ 时：

$$f = \frac{4\big[(\lg n + 3.93)/50\big]}{Re^b} \tag{6-19}$$

3. 环空

流性参数为

$$n = 3.32 \lg \frac{\phi_{600}}{\phi_{300}} \tag{6-20}$$

$$k = \frac{5.1\phi_{300}}{511^n} \tag{6-21}$$

雷诺数 Re_0：

$$Re_0 = \frac{1200^{1-n}\rho V_0^{2-n}}{K\left[\dfrac{400(2n+1)}{(D_3 - D_2)n}\right]^n} \tag{6-22}$$

层流中，当 $Re_0 < 3470 - 1370n$ 时，摩阻系数 f_0 为

$$f_0 = \frac{96}{Re_0} \tag{6-23}$$

过渡流中，当 $3470 - 1370n \leqslant Re_0 \leqslant 4273 - 1370n$ 时，摩阻系数 f_0 为

$$f_0 = \frac{96}{(3470 - 1370n)} + \frac{\left[\dfrac{\left(\dfrac{\lg n + 3.93}{50}\right)}{(4273 - 1370n)^b} - \dfrac{16}{(3470 - 1370n)}\right]\big[Re_0 - (3470 - 1370n)\big]}{200} \tag{6-24}$$

紊流中，$Re_0 > 4273 - 1370n$ 时，摩阻系数 f_0 为

$$f_0 = \frac{4\left(\dfrac{\lg n + 3.93}{50}\right)}{Re_0^b} \tag{6-25}$$

雷诺数 Re_1：

$$Re_1 = \frac{1200^{1-n}\rho V_1^{2-n}}{K\left[\dfrac{400(2n+1)}{(D_3 - D_2)n}\right]^n} \tag{6-26}$$

层流中，当 $Re_0 < 3470 - 1370n$ 时，摩阻系数 f_1 为

$$f_1 = \frac{96}{Re_1} \tag{6-27}$$

过渡流中，当 $3470 - 1370n \leqslant Re_1 \leqslant 4273 - 1370n$ 时，摩阻系数 f_1 为

$$f_1 = \frac{96}{(3470 - 1370n)}$$

$$+ \frac{\left[\dfrac{\left(\dfrac{\lg n + 3.93}{50}\right)}{(4273 - 1370n)^b} - \dfrac{16}{(3470 - 1370n)}\right] \left[Re_1 - (3470 - 1370n)\right]}{200} \tag{6-28}$$

紊流中，$Re_1 > 4273 - 1370n$ 时：

$$f_1 = \frac{4\left(\dfrac{\lg n + 3.93}{50}\right)}{Re_1^b} \tag{6-29}$$

过渡流中，当 $3470 - 1370n \leqslant Re_2 \leqslant 4273 - 1370n$ 时，摩阻系数 f_1 为

$$f_1 = \frac{16}{Re_1} + \frac{\left(\dfrac{a}{Re_2^b} - \dfrac{16}{Re_1^b}\right)(Re - Re_1)}{800} \tag{6-30}$$

环空中摩擦阻力 f 可表示为

$$f = \frac{1}{D_3 + D_2}\left[D_3 f_0 \left(\frac{v_0}{v_1}\right)^2 + D_2 f_1\right] \tag{6-31}$$

压力波速可以表示为

$$c = \frac{1}{\sqrt{\rho\left(\dfrac{1}{\rho}\dfrac{d\rho}{dp} + \dfrac{1}{A}\dfrac{dA}{dp}\right)}} = \frac{1}{\sqrt{\rho(\alpha + \beta)}} \tag{6-32}$$

其中：c 为压力波速传播速度，m/s；α 为钻井液的压缩系数，Pa^{-1}，本章取 0.435×10^{-9}；β 为流道的弹性系数，Pa^{-1}，不同的流道具有不同的计算方法。

在确定流道压力波传播速度时，需要用到流道的弹性系数，不同流道其弹性系数不同。根据弹性力学理论，可以得出以下各流道弹性系数 β 的计算式。设钢材和地层的弹性模量和泊松比分别为 E_s，μ_s 和 E_f，μ_f，管柱内外径分别为 D_1，D_2，套管内外径分别为 D_3，D_4。

（1）管柱内流道的弹性系数

$$\beta = \frac{2}{E_s}\left[\frac{\left(\dfrac{D_2}{D_1}\right)^2 + 1}{\left(\dfrac{D_2}{D_1}\right)^2 - 1} + \mu_s\right] \tag{6-33}$$

（2）裸眼井流道的弹性系数

$$\beta = \frac{2}{E_f}(1 + \mu_f) \tag{6-34}$$

（3）套管与管柱间环空流道的弹性系数

$$\beta = \frac{2}{E_s}\left[\frac{1}{R_2^2 - 1}\left(R_2^2 \cdot \frac{R_3^2 + 1}{R_3^2 - 1} + \frac{R_1^2 + 1}{R_1^2 - 1}\right) + \mu_s\right] \tag{6-35}$$

（4）裸眼井壁与管柱间环空流道的弹性系数

$$\beta = \frac{2}{R_2^2 - 1}\left[\frac{R_2^2}{E_f}(1 + \mu_f) + \frac{1}{E_s}\left(\frac{R_2^2 + 1}{R_2^2 - 1} - \mu_s\right)\right] \tag{6-36}$$

式中：$R_1 = \dfrac{D_1}{D_2}$, $R_2 = \dfrac{D_3}{D_2}$, $R_3 = \dfrac{D_4}{D_3}$。

6.2　单阀门受波动压力影响

节流阀是油田钻井节流管汇上普遍应用的一种阀件，是节流管汇的关键设备，在实施油气井压力控制时，通过调节节流阀开度将环空压力维持在安全范围内。节流阀动作时会使钻井液流动状态瞬时改变，即产生瞬态压力波，压力波沿着环空向井底传播使井底压力增大，沿着环空向井口传播使井底压力减少。增大或减少的井底压力会产生井漏或溢流等事故，在节流阀处会形成超压或气穴，造成环空环空的扭曲变形、钻具及节流阀等设备失效。瞬时关闭阀门同样会产生瞬时关闭所产生的很大的压力增值，这可能不是最大的增值，因为管线充填会产生更高的压力，特别是长管道。假若把阀门的缓慢关闭视为一系列微小关闭的连续过程，每一个微小关闭都是瞬时发生，但相差一个微小的时段，每一个微小关闭都将产生一个微小的速度降，于此相应的是产生一个微小的压力增值。每一个微小关闭都将产生这样的一个波，而每一个都与其前一个相隔一个微小的时段，这样产生的波将彼此迭加，从而使阀门处的压力上升。假若阀门的最后一个微小关闭在第一个波的负反射返回阀门以前完成，则所有波的增值总和将正好等于相同初速的阀门瞬时关闭所产生的压力增值，如这样的阀门关闭称为突然关闭，其波形与瞬时关闭有所不同，但其峰值是相同的，如阀门的关闭时间小于管路周期 $2L/c$，就有这种峰值产生。假若阀门的关闭慢于这一时间，那么反射膨胀波在较后的一些微小关闭仍在继续进行时就会返回，这些减压波与由于阀门继续关闭而产生的增压波相互迭加，会使压力增加的速率降低，以致降到出现这样一种结果：阀门关闭时间大于 $2L/c$ 时所产生的增压峰值，小于阀门突然关闭时所产生的增压峰值。

6.2.1　边界条件

系统时间步长满足环空 J 及环空 $J+1$ 的约束：

$$L_J \geqslant c_J \cdot \Delta t \tag{6-37}$$

$$L_{J+1} \geqslant c_{J+1} \cdot \Delta t \tag{6-38}$$

式中：L_J 为 J 段环空的长度，m；Δt 为微元环空压力波传播时间，s；c_J 为 J 段环空的波速，m/s。

两串环空结点满足式(6-10)及式(6-11)：

$$p_i^{J+1}(s_i, t) = p_i^{J}(s_i, t) \tag{6-39}$$

$$Q_i^{J+1}(s_{i+1}, t) - Q_i^{J}(s_{i-1}, t) = v(t) \cdot \Delta A \tag{6-40}$$

式中：$Q_i{}^J$ 为 J 段环空在 i 时间的流量，m^3/s。

串联环空的结构如图 6-2 所示。

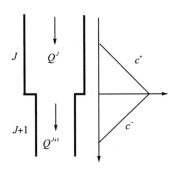

图 6-2　串联环空结构图

利用约束条件计算环空 J、$J+1$ 的波速约束条件，可得的差分格式如下：

$$
\left[p_{k,t}\right]_i + \rho\left[\frac{c_J}{A_J}Q_{k,t}^J\right]_i - \left[p_{k-1,t-\Delta t}\right]_i + \rho\left[\frac{c_J}{A_J}Q_{k-1,t-\Delta t}\right]_i
$$
$$
-\frac{\rho\Delta t}{8}\left[\frac{c_J f_{k-1,t-\Delta t}}{m_J}v_{k-1,t-\Delta t}\left|v_{k-1,t-\Delta t}\right|\right] = 0 \tag{6-41}
$$

$$
\left[p_{k,t}\right]_i - \rho\left[\frac{c_{J+1}}{A_{J+1}}Q_{k,t}^{J+1}\right]_i - \left[p_{k+1,t-\Delta t}\right]_i - \rho\left[\frac{c_{J+1}}{A_{J+1}}Q_{k+1,t-\Delta t}\right]_i
$$
$$
+\frac{\rho\Delta t}{8}\left[\frac{c_{J+1} f_{k+1,t-\Delta t}}{m_{J+1}}v_{k+1,t-\Delta t}\left|v_{k+1,t-\Delta t}\right|\right] = 0 \tag{6-42}
$$

钻井液流量的约束条件为

$$
\left[Q_{k,t}^{J+1} - Q_{k,t}^J\right]_i - v(t)\Delta A_i = 0 \tag{6-43}
$$

由于钻杆段环空与钻铤段环空的水力半径不等，为使两不同管径环空内边界条件一致，利用增加钻杆段环空网格数，同时保持钻铤段环空网格数不变的方法，可归纳为

$$
N_J = \frac{L_J}{\Delta t_{\min}(V_J + c_J)} \tag{6-44}
$$

在钻杆段环空与钻铤段环空结点处，时间步长应满足：

$$
\Delta t \leqslant \frac{\Delta s}{\max|c_J + v_J|} \tag{6-45}
$$

式中：$|c_J + v_J|$ 为波速与钻井液流速之和的绝对值，m/s；max 为最大值。

笔者为验证瞬变压力模块计算的准确性，与 Watters[40] 的水平串联管道仿真实例对比。计算条件为 1s 一步线性关阀计划，选定 2 个分析点，分别距离阀芯为 0m 及 508m。由于 Watters 只给出了前 4s 的变化规律，因此，笔者只对比了前 4s 的计算结果，对比结果具有一致性。

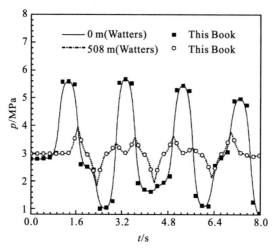

图 6-3　管道输送瞬变压力与 Watters 对比

6.2.2　特性分析

　　试验井采用 T3 公司 2 英寸节流阀，节流阀流量及阻力系数曲线如图 6-4 所示，开度在 30％～70％区间内为有效工作区间，图 6-4 中节流阀开度为有效控制流速的开度，即有效开度，它不表示阀芯物理开度。本实例计算中采用 T3 节流阀的流量系数，结合建立模型，编制计算程序。

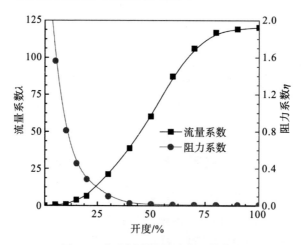

图 6-4　节流阀流量及阻力系数曲线

　　本算例一个相长（$T_0 = 2L/c$）为 1.55s。已有文献表明在 0.05s 至 0.1s 内可将 DN350-400 的球阀完全关闭，因此研究在短时间内关闭节流阀引起阀芯所受瞬变压力是有实际意义的。实例中：环空弹性模量为 2.07×10^{-11} Pa，钻井液流

量为 55.6L/s，套管泊松比为 0.3，钻井液密度为 1020kg/m³。图示 6-5～图 6-8
中：T_1 为第一步节流阀调节时间；T_2 为第二步节流阀调节时间；T 为节流阀关
闭时间；t 为阀芯所受瞬变压力时间；θ 为节流阀开度；λ 为节流阀流量系数；η
为节流阀阻力系数；p 为阀芯所受瞬变压力。

　　一步线性关阀定义为关阀时间与阀芯开度呈线性关系。图 6-5 示出了，节流
阀线性关闭时间为 $T=0.3$s、$T=0.5$s、$T=0.7$s、$T=0.9$s、$T=1.1$s 及 $T=$
1.3s 时阀芯所受瞬变压力变化规律。在这一直接水击的过程中，由于下游泄压
作用在一个相长内不会到达阀芯，因此在一个相长内关闭节流阀与延时关闭节流
阀，阀芯所受的最大瞬变压力波动不大。图 6-6 示出了，节流阀线性关闭时间为
$T=1.55$s、$T=6$s、$T=11$s、$T=17$s、$T=23$s 及 $T=29$s 时阀芯所受瞬变压力变
化规律。在这一间接水击过程中，随节流阀关闭时间延长，阀芯受到的最大瞬变
压力逐渐减小。关阀时间从 $T=1.55$s 延长至 $T=29$s，最大瞬变压力减小
1.28MPa。关阀过程中，通过延长关阀时间来减小阀芯所受的最大瞬变压力是可
行的，且间接水击相对直接水击效果较明显。关阀过程中，由于管线的充填作
用，阀芯受到的最大瞬变压力发生时间会滞后于关阀时间。直接水击中，随关阀
时间延长，滞后现象减弱。

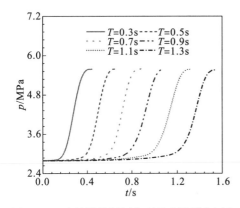

图 6-5　一步线性关阀阀芯所受直接瞬变压力

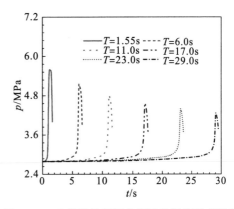

图 6-6　一步线性关阀阀芯所受的间接瞬变压力

　　两步线性关阀是指把整个关阀时间分为两段时间，在不同时间段内以不同线
性斜率调节节流阀开度。图 6-7 及图 6-8 描述了两步关阀过程中，阀芯开度随关
阀时间改变，阀芯受瞬变压力的变化规律。图 6-7 示出了，第一步 $T_1=1$s 内将
节流阀调至 θ 开度，第二步 $T_2=9$s 内将节流阀调至完全关闭；图 6-8 示出了，第
一步 $T_1=5$s 内将节流阀调至 θ 开度，第二步 $T_2=5$s 内将节流阀完全关闭。例如
图 6-6 两步时间关阀计划中，阀芯受到的瞬变压力变化趋势为波动后达最大，出
现瞬变压力波动时间大约为第一步关阀结束时间。图 6-7 中 $T=10$s 两步关阀中，
阀芯受到最大瞬变压力为 $p=4.76$MPa，同图 6-6 中 $T=11$s 一步线性关阀阀芯受
到的最大瞬变压力 $p=4.85$MPa 比较，关阀时间减小了 1s，且达到了减小瞬变压

力的目的。

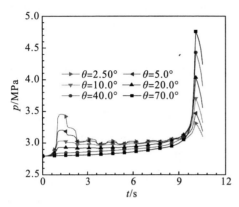 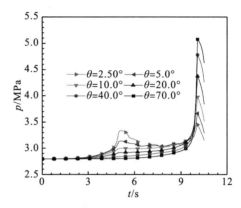

图 6-7　1s/9s 两步开度关阀阀芯所受瞬变压力　　图 6-8　5s/5s 两步开度关阀阀芯所受瞬变压力

　　图 6-9 示出了，节流阀关闭总时间为 $T=10s$，第一步 T_1s 内将节流阀开度关至 $10°$，第二步 T_2s 内将节流阀完全关闭；图 6-10 示出了，节流阀关闭总时间为 $T=10s$，第一步 T_1s 内将节流阀开度关至 $30°$，第二步 T_2s 内将节流阀完全关闭。两步线性关阀过程中，随第一步关阀开度增大，阀芯受到的最大瞬变压力增大。如图 6-10 中 $30°/0°$阀芯受到最大瞬变压力 $p=5.42$MPa，同图 6-9 中 $10°/0°$阀芯受到最大瞬变压力 $p=5.11$MPa 相比，瞬变压力有增大的趋势，这是由于，第二步在较短的时间内实施快速关阀时，流体对管路的充填作用引起的。只有合理设计两步线性关阀计划，方可达到减小阀芯受瞬变压力的目的。

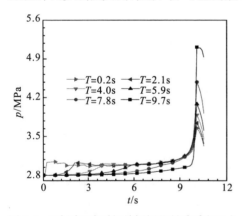 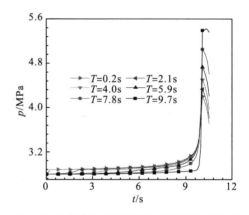

图 6-9　10°/0°两步时间关阀阀芯所受瞬变压力　　图 6-10　30°/0°两步时间关阀阀芯所受瞬变压力

6.3　双阀门受波动压力影响

　　以兰成渝成品油输送过程中某段管道的停输再启动为例，分析管道长为 2600m，两串联管径分别为 Φ800mm 及 Φ400mm，串联输油管道输入压力为

4.21MPa，通过调节两串联阀芯开度来改变成品油输送流量，其中输油管道结构、材质及成品油性质如表 6-1 所示。

表 6-1　停输再启动过程中成品油输送数据

参数属性	数值	参数属性	数值
管道 1 长度/m	1300	成品油量/(m³/h)	1050
管道 2 长度/m	1300	成品油密度/(kg/m³)	850
管道 1 直径/m	0.8	波速/(m/s)	914.4
管道 2 直径/m	0.4	输油管道泊松比	0.3
入口压力/MPa	4.21	管道弹性模量/Pa	$2.07e^{11}$

6.3.1　串联阀芯流量系数

图 6-11 示出了随开度变化，蝶阀 1、偏心蝶阀 2、活塞阀 3、球闸阀 4 及球型阀 5 的阻力系数(ζ)变化规律。随相同阀门串联数目的增多，阀门的有效流量系数大幅降低。图 6-12～图 6-18 的串联阀芯所受瞬变压力计算均按照蝶阀 1 阻力系数，两串联阀门的关阀计划均为线性。

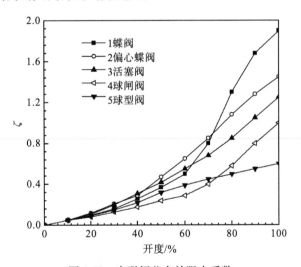

图 6-11　串联阀芯有效阻力系数

6.3.2　双阀门 2s/4s 线性关阀阀芯受瞬变压力

图 6-12 及图 6-13 示出了两串联阀芯 2s 及 4s 不同关闭时间，阀芯受瞬变压力的变化规律。1♯串联阀芯以 2s 的时间线性关闭，2♯阀门分别以 20s、40s、

60s 及 100s 的时间线性关闭。串联阀门 2s：20s 线性关闭较单阀门 2s 线性关闭，产生的最大瞬变压力由 5.6MPa 减至 4.3MPa，最大瞬变压力减少了 30.23%。随串联阀芯数的增多，阀芯所受最大瞬变压力均呈现减小的趋势。

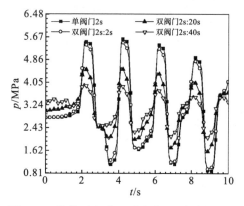
图 6-12　停输再启动 2s 关阀阀芯受瞬变压力

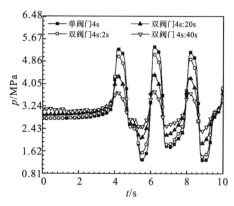
图 6-13　停输再启动 4s 关阀阀芯受瞬变压力

6.3.3　双阀门 6s/8s 线性关阀阀芯受瞬变压力

图 6-14 及图 6-15 示出了，6s 及 8s 两串联阀芯（1♯阀门及 2♯阀门）不同线性关闭时间，阀芯受瞬变压力变化规律。串联双阀门比单阀门瞬变压力明显降低，串联阀芯可将最大瞬变压力分散至每个阀门中，使每个阀芯受到的最大瞬变压力减小，合理地调节两阀门开度，可使阀芯受到瞬变压力的变化平稳，延长任何一个阀门线性关闭时间均能使阀芯所受的最大瞬变压力减小。

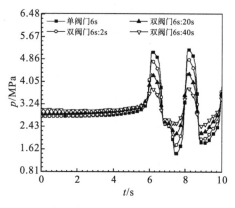
图 6-14　停输再启动 6s 关阀阀芯受瞬变压力

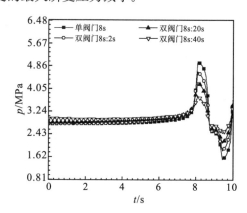
图 6-15　停输再启动 8s 关阀阀芯受瞬变压力

表 6-2 列出了单阀门与串联阀芯的不同关阀计划对最大瞬变压力的影响。两串联阀芯线性关闭，随任意一个串联阀芯关阀时间的延长，阀芯所受的最大瞬变压力均呈现减小。

表 6-2　单阀门与双阀门所受瞬变压力差值分析

两阀门线性关阀时间/s	最大瞬变压力/MPa		差值/%
	单阀门	双阀门	
2.00	5.60	4.60	17.86
4.00	5.32	4.39	17.48
6.00	5.15	4.36	15.34
8.00	5.00	4.30	14.00

6.3.4　停输再启动输油管路瞬变压力震荡衰减

图 6-16 示出了成品油停输再启动过程中，11s 线性关阀输油管路瞬变压力震荡衰减规律。停输再启动引发的输油管路瞬变压力震荡衰减，主要受到输油管壁摩擦力、输油层间动量交换及成品油特性等因素的影响，沿管道瞬变压力振荡过程中，成品油总能量逐渐减小，瞬变压力做阻尼振动的同时，呈现出衰减规律，直至消亡。同输水管道比较，由于成品油的压缩系数比水的压缩系数大，输油管道中成品油所受瞬变压力比输水管道所受瞬变压力、压力波速均减小，致使成品油层间耗散更大，从而瞬变压力振幅减小。

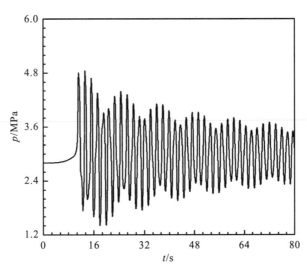

图 6-16　停输再启动输油管路瞬变压力震荡

6.4　井筒受波动压力影响

图 6-17 及图 6-18 示出了，井口回压为 0.5Mpa，钻井过程中发现溢流，经计

算需将节流阀开度从 50％调至 40％在井口产生 1.5MPa 回压，在 5s 内完成线性
调节过程，钻杆段及钻铤段环空的波动压力变化规律。由于环空壁及裸眼壁粗糙
度较大，摩阻在较长环空中大量损耗，压力波传递的能量迅速衰减，因此第一个
周期内，钻铤段的最大波动压力相对钻杆段有很大衰减。受波动压力的影响，套
管鞋处引发事故的概率比井底更大。第一个周期后，波动压力衰减值接近 0。通
过节流阀动作控制环空压力的过程是动态的，不但要考虑套压及静液柱压力，更
要考虑调节节流阀引起的波动压力，在控压钻井水力学计算中较易忽略波动压
力。环空中的各点压力可理解为套压、波动压力（节流阀动作引起）、静液柱压
力、钻井液加速度力（钻井液加速运动引起）及环空摩阻力等共同作用的合力。

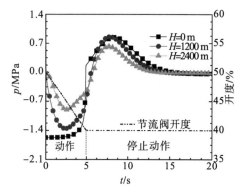

图 6-17　钻杆段环空中波动压力分布 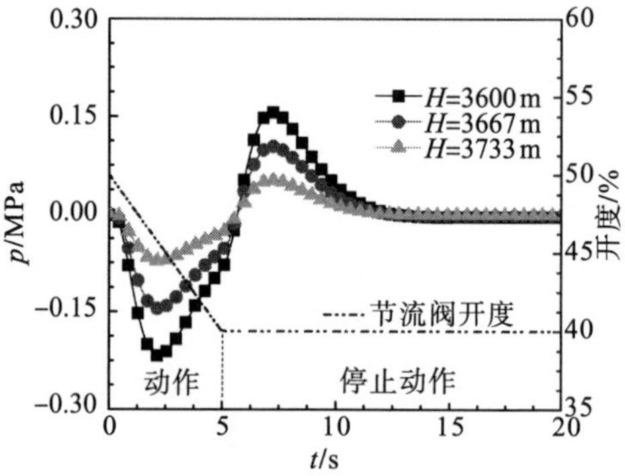　　　图 6-18　钻铤段环空中波动压力分布

　　图 6-19 中示出了，节流阀开度由 60％关至 40％的两次线性动作对钻杆段环
空的波动压力变化规律。节流阀两步线性动作的具体操作是，在 2s 内将节流阀
开度从 60％关至 50％，在 8s 内将节流阀开度从 50％关至 40％。由于第一次节流
阀关阀速度比第二次节流阀关阀速度快，从而第一步中节流阀动作转换的压力势
能比第二步中节流阀动作转换的压力势能大，因此第二步产生的波动压力减小。
环空中各点的波动压力跟随节流阀处波动压力变化，环空壁的摩阻系数越小环空
中波动压力的跟随性越好。图 6-20 示出了，随钻井液排量的变化，环空（$H=$
0m）所受波动压力的变化规律。随钻井液排量的减小，环空中所受波动压力变
小。钻井液排量的减小，不仅减小了钻井液的动能，更减小了环空壁对钻井液的
摩阻系数。井口阀芯处的波动压力主要受到钻井液流速的影响，而环空中的波动
压力主要受到钻井液流速及摩阻系数等参数的影响。摩阻系数的减小可使波动压
力衰减变缓。随波动压力传播时间的增长，钻井液排量引起的波动压力变化逐渐
减小，这是由于环空摩阻大量消耗了钻井液压力势能。

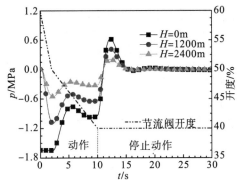

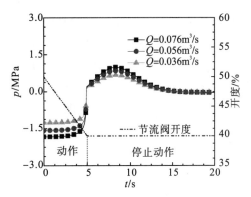

图 6-19　节流阀两步线性动作对波动压力影响　　　图 6-20　排量变化对阀芯所受波动压力影响

　　图 6-21 及图 6-22 示出了，软关井 15s 内线性调节节流阀过程的钻杆段环空与钻铤段环空中波动压力变化规律。可以看出，在第一个周期内，节流阀处引起的最大波动压力达 1.48MPa，由于钻杆及钻铤长度是 3800m，较长的环空壁使波动压力衰减很快，在第二个周期内，最大波动压力衰减至约 0.21MPa。在制定节流阀关阀计划时，如果没有对节流阀动作引起的波动压力引起足够的重视，会失去软关井的优势，很可能由于关阀速度过快，导致井底瞬时压力超过地层的破裂压力，引起井下漏失。

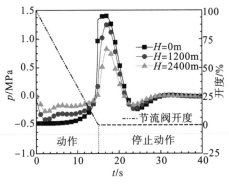

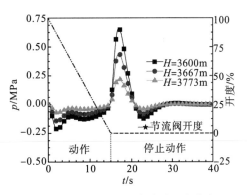

图 6-21　钻杆段环空中波动压力分布　　　　　　图 6-22　钻铤段环空中波动压力分布

6.5　泥浆泵失控/重载引发波动压力

6.5.1　边界条件

　　钻井工程师掌握泥浆泵失控/重载引发的管线波动压力变化规律，可及时处理钻井中遇到的选泵、管线优化及瞬变流等问题，有利于安全控制钻井事故发生，防患于未然。在钻深井中，钻柱立压高达 20MPa，泥浆泵突然失控/重载，泥浆泵的入口/出口必引发较高的波动压力。现场中，由于考虑停开泵引发的波动压力，在方钻杆中安装单相回止阀，虽阻止了钻杆中钻井液回流，但不能消除泥浆泵入口管线发生较大波动压力，较高的波动压力会给钻井作业带来安全隐患。泥浆泵在失控/重载过程中，泥浆泵的排量、扬程及扭矩变化均使泵特性曲线变化。笔者利用特征曲线图版方法，得到泥浆泵在失控/重载过程中的泵特性曲线，建立了泥浆泵失控/重载对入口管线波动压力影响的数学模型，根据特征线方程，借助计算机语言对其求解。

不同转速下泥浆泵的特性曲线如图 6-23 所示，图中每条特性曲线 N_0，N_1，N_2，N_3，N_4 均适用于：

$$Q/N = a, p/N^2 = b \qquad (6\text{-}46)$$

式中：a、b 均为常数；N 为泵的转速，r/min；Q 为流速，m³。

根据选好的数据结点，沿特性曲线 N_0、N_1、N_2、N_3、N_4 可计算出泥浆泵在不同转速下流量及压力值。C_{-1}、C_0、C_1 为特征曲线上的静态额定点。1，2 为两条额定流量及压力曲线。

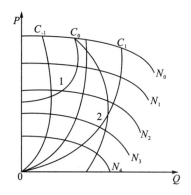

图 6-23   泵失控/重载过程中的特性曲线

在泥浆泵稳定工作状态下，泥浆泵马达发出的驱动转矩与通过压力作用于叶轮的反力矩相抵消。当泥浆泵失控时，动力矩消失了，反力矩使泵转速减缓，其减速方程为

$$M(t) = \frac{2\pi I}{60} \frac{dN}{dt} \qquad (6\text{-}47)$$

式中：$M(t)$ 为 t 时刻泵输给流体的力矩，N·m；I 为系统转动惯量，kg·m²。

对式(6-47)进行积分，时间变量取为 Δt，新的泥浆泵转速公式变为

$$N(t + \Delta t) - N(t) = \frac{60}{2\pi I} M(t) \Delta t \qquad (6\text{-}48)$$

根据选定数据点，沿 N_0 曲线可计算出 N_1 转速下的流量及压头数据。流量表示为

$$Q_1(t) = Q_0(t) \frac{N_{N_1}}{N_{N_0}} \tag{6-49}$$

压头表示为

$$H_1(t) = H_0(t) \left(\frac{N_{N_1}}{N_{N_0}}\right)^2 \tag{6-50}$$

式中：$Q_1(t)$、$Q_0(t)$ 为 N_{N_1}、N_{N_0} 转速下 t 时刻流量，m^3/s；$H_1(t)$、$H_0(t)$ 为 N_{N_1}、N_{N_0} 转速下 t 时刻压头，m；N_{N_1}、N_{N_0} 为沿曲线 N_1、N_0 的转速，r/min。

为简化求解，将压头与流量的非线性函数 $H_p = F(Q)$ 简化为线性函数：

$$\frac{H_p}{N^2} = \left[\frac{H_A - H_B}{Q_A - Q_B} \frac{Q}{N} + H_B - Q_B \frac{H_A - H_B}{Q_A - Q_B}\right] N_{st} \tag{6-51}$$

式中：H_p 求解的压头，m；H_A、H_B 为 A、B 点压头，m；Q_A、Q_B 为 A、B 点流量，m^3/s；N_{st} 为泵级数，无量纲；F 为非线性函数法则。

对数台泥浆泵并联组成的管路系统可用以下方程表示，其中泥浆泵入口速度与压头关系：

$$v_s = K_1 - K_2 H_s \tag{6-52}$$

泥浆泵出口速度与压头关系：

$$v_d = K_3 + K_4 H_d \tag{6-53}$$

根据连续方程有：

$$v_s A_s = v_d A_d \tag{6-54}$$

根据能量方程有：

$$H_s + H_p = H_d \tag{6-55}$$

式中：K_1、K_2、K_3 及 K_4 为待求常量；v_s 为泵入泥浆泵钻井液速度，m/s；v_d 为泵出泥浆泵钻井液速度，m/s；H_s 为泵入泥浆泵钻液压头，m；H_d 为泵出泥浆泵钻井液压头，m。

由恒转速泵理论，选定 3 个数据点，联立式(6-51)~式(6-55)，便可求得相应的未知量。根据钻井作业准则要求，方钻杆内须安装止回阀，当钻遇气层及高压油层时，井底也须安装止回阀，确保安全钻井。钻井液入口管线下游与方钻杆连接，由于方钻杆内止回阀的安装，钻井液只能进入钻杆，不能从方钻杆倒流回地面管线，因此泥浆泵失控/重载引发的正向波动压力可进入止回阀，反向波动压力回击泥浆泵的过程是波动压力传播的逆过程，在止回阀上方管线内易发生空穴现象。

正压波产生时，下游边界条件为

$$Q = 0 \tag{6-56}$$

负压波产生时，下游边界条件为

$$Q = Q(t) \tag{6-57}$$

连续方程为

$$\frac{\partial p}{\partial t} + v \frac{\partial p}{\partial s} + \rho c^2 \frac{\partial v}{\partial s} = 0 \tag{6-58}$$

运动方程为

$$\frac{1}{\rho} \frac{\partial p}{\partial s} + \frac{\partial v}{\partial t} + v \frac{\partial v}{\partial s} + \frac{fv|v|}{8mg} = 0 \tag{6-59}$$

式中：m 为水力半径，m；f 为摩阻系数，无量纲。

利用特征线方法将压力转变为压力水头，结合压力波速，整理得到两族特征线方程，其中正向特征线方程为

$$\frac{\mathrm{d}s}{\mathrm{d}t} = v + c^+ \tag{6-60}$$

$$\frac{g}{c^+} \frac{\mathrm{d}H}{\mathrm{d}t} + \frac{\mathrm{d}v}{\mathrm{d}t} - \frac{g}{c^+} v \sin\theta + \frac{fv|v|}{2D} = 0 \tag{6-61}$$

负向特征线方程为

$$\frac{\mathrm{d}s}{\mathrm{d}t} = v - c^- \tag{6-62}$$

$$-\frac{g}{c^-} \frac{\mathrm{d}H}{\mathrm{d}t} + \frac{\mathrm{d}v}{\mathrm{d}t} + \frac{g}{c^-} v \sin\theta + \frac{fv|v|}{2D} = 0 \tag{6-63}$$

图 6-24 示出了压力求解过程中的差分网格示意图，假设时间间隔为 Δt，利用已知网格结点 A、B、E、N 的压力及流量值，可用直线插值求解 R、S 结点的流量及压力值。

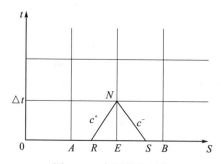

图 6-24　有限差分网格

正向压力传输公式如下：

$$s_N - s_R = (v_R + c^+)(t_N - t_R) \tag{6-64}$$

采用一阶近似，差分格式为

$$H_N - H_R + \frac{c^+}{gA}(Q_N - Q_R) - \frac{Q_R(t_N - t_R)}{A} \sin\theta$$
$$+ \frac{c^+ f}{2gDA^2} Q_R |Q_R| (t_N - t_R) = 0 \tag{6-65}$$

负向压力传输公式如下：

$$s_N - s_S = (v_S + c^-)(t_N - t_S) \tag{6-66}$$

采用一阶近似，差分格式为

$$
H_N - H_S - \frac{c^-}{gA}(Q_N - Q_S) - \frac{Q_S(t_N - t_S)}{A}\sin\theta
$$
$$
- \frac{c^- f}{2gDA^2}Q_S|Q_S|(t_N - t_S) = 0
$$

(6-67)

式中：H 为压头，m；Q_N、Q_R、Q_S 为结点 N、R、S 处流量，m³/s；H_N、H_R、H_S 为结点 N、R、S 处压头，m；s_N、s_R、s_S 为结点 N、R、S 处管长，m；t_N、t_R、t_S 为结点 N、R、S 处时间，s；c^+ 为正向压力波速，m/s；c^- 为负向压力波速，m/s。

以四川彭州境内的某微流量控压钻井为例，该井钻至 4000m 时，选用并联双泥浆泵，钻井液在立管与环空中的流动通道认为是密封流道，钻井液经环空循环流出节流管汇，进入泥浆池，经沉淀、过滤及除渣，进入泥浆泵中。图 6-25 为钻井液循环通道、地面主要设备及钻具组合。

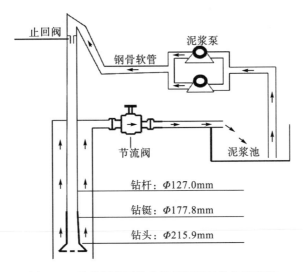

图 6-25　钻井泥浆泵作业流程泥浆泵作业示意图

该井钻进时，本例涉及的基础参数如表 6-3 所示。

表 6-3　计算示例基础参数

参数	值	参数	值
泥浆泵数/台	2	立管压力/MPa	23.21
入口管长度/m	20	井深/m	4000
管线摩阻系数	0.135	泥浆密度/(kg/m³)	1600
管柱弹性模量/Pa	2.07×1011	管道泊松比	0.3
泥浆弹性模量/Pa	3.05×109	粗糙度/mm	0.0015

6.5.2　特性分析

图 6-26 为泥浆泵泵数对波动压力影响。由于泥浆泵的失控/重载,不同泥浆泵数($n=5$、$n=3$ 及 $n=1$)对泵入口管线波动压力的影响。泵的增多不仅增大了钻井液的排量,更增大了泥浆泵高速运转的惯性,因此,当泵失控/重载时,随泥浆泵数增多,产生的惯性增大,从而使波动压力增大。从图中可看出,当泥浆泵数 $n=5$ 时,失控产生的波动压力为 21.445 MPa;当泥浆泵数 $n=3$ 时,失控产生的波动压力为 19.523 MPa;当泥浆泵数 $n=1$ 时,失控产生的波动压力为 15.684 MPa。图 6-27 为不同管线摩阻系数($f=0.135$、$f=0.235$ 及 $f=0.335$)对泵入口管线波动压力的影响。由于摩擦阻力消耗了波动压力的动能及压力势能,因此,随摩阻系数的增大,泵入口管线所受波动压力减小。摩阻系数减小/增大,均不改变钻井液的压力波速,对波动压力变化周期无影响。在固定管线中,波动压力的变化周期主要取决于压力波速的大小,摩阻系数的减小/增大,不影响源头波动压力,图 6-27 所示的源头波动压力均为 21.45MPa。

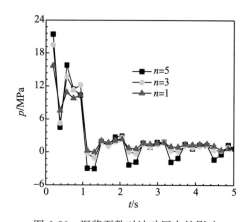 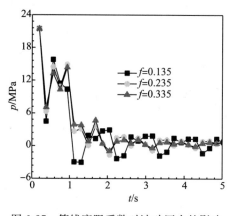

图 6-26　泥浆泵数对波动压力的影响　　　图 6-27　管线摩阻系数对波动压力的影响

由于泥浆泵的失控/重载,不同泥浆泵入口管线长度($L=20m$、$L=15m$ 及 $L=10m$)对泵入口管线波动压力的影响如图 6-28 所示。随泥浆泵入口管线长度增大,泥浆泵入口管线所受波动压力减小。管线长度增大,相当于增大了波动压力的摩擦阻力做功,减小了波动压力动能及压力势能的转换,从而使管线所受波动压力减小。泥浆泵入口管线长度增大,虽不能影响压力波速,但可增大波动压力传播时间,使波动压力每次叠加时间滞后。由于泥浆泵的失控/重载、立管压力($p_p=18MPa$、$p_p=14MPa$ 及 $p_p=10MPa$)对泥浆泵入口管线波动压力的影响如图 6-29 所示。图 6-29 中 T_0/T_1 为泥浆泵失控/重载时间,p_p 为立管压力。立管压力增大使钻井液压力势能转换为钻井液的速度势能增大,因此,随立管压力增大，泥浆泵失控/重载产生的波动压力增大。当两台泥浆泵并联工作时，立管压力 p_p 为 18MPa 时，泥浆泵重载可产生波动压力为 11.59MPa，泵失控可产生的波动压力为 6.77MPa；同立管压力 p_p 为 10MPa 相比，泥浆泵重载产生的波动压力为 4.08MPa，泵失控可产生的波动压力为 2.97MPa，随立管压力增大，泥浆泵入口管线所承受的失控/重载波动压力均减小。

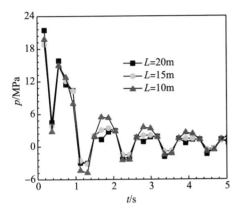

图 6-28　管线长度对波动压力的影响

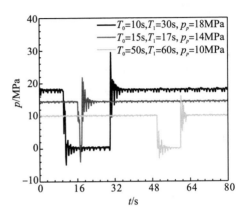

图 6-29　泥浆泵失控与重载对波动压力的影响

6.6　本章小结

（1）间接水击产生的最大瞬变压力小于直接水击产生的最大瞬变压力。关阀过程中，通过延长关阀时间来减小阀芯受到的最大瞬变压力是可行的。最大瞬变压力发生时间均滞后于关阀时间。节流阀关闭的过程中，关阀时间要尽量大于相长，避免出现直接水击，如果关阀时间一定要小于一个相长，可采用合理设计两步线性关阀计划的方法，将瞬变压力分散到每步关阀过程中，使阀芯受到的最大瞬变压力减小。两步、多步线性关阀不但关阀手段灵活，相对于一步关阀，阀芯受到的瞬变压力相对平稳，更有效避免钻井系统最大瞬变压力的出现。

（2）在微流量控制钻井过程中，节流阀动作产生的波动压力不可忽略。在第一个周期内，最大波动压力出现在节流阀处，钻铤段的波动压力相对钻杆段有很大的衰减。受波动压力的影响，套管鞋处引发事故的概率比井底更大。在一个波动周期后，钻杆段环空及钻铤段环空的波动压力均衰减到很小。发生较大溢流，采用节流阀软关井时，应根据具体溢流大小制定关阀计划。由于软关井的操作时间比硬关井的操作时间长，因此所受的波动压力较小。

（3）随钻井液排量、钻井液密度的增大，环空所受的波动压力增大。节流阀阀芯所受的最大波动压力主要受到关阀速度、钻井液排量及钻井液密度的影响，而受环空摩阻系数的影响较小。两步或多步线性关阀不但节流阀动作方式灵活，相对于一步关阀，阀芯受到的波动压力更可灵活控制，可有效避免环空最大波动压力的出现。在制定关阀计划时，应考虑两步或多步线性关阀的灵活性。

(4)随泥浆泵入口管线长度增大，管线所受的波动压力减小，入口管线长度的增大，虽不能影响波动速度，但可增大压力传播时间，使波动压力叠加时间滞后。钻井泵的增多，泥浆泵高速运转的惯性增大，当泵失控/重载时，泥浆泵仍在高速运转，因此，泥浆泵运转产生的惯性增大，使波动压力增大。随井深增加，立管压力增大，泥浆泵失控/重载产生的波动压力增大，立管压力的增大使钻井液压力势能转换为钻井液的速度势能增大，从而引起波动压力增大。

(5)成品油停输再启动过程中，串联阀芯系统的阻力系数是各阀门阻力系数和，因此串联阀芯的流量系数比其中任何单阀门的流量系数均小，串联阀芯所产生的最大瞬变压力比单阀门小。随串联阀芯数的增多，阀芯受到的最大瞬变压力大幅减小。

(6)单阀门停输再启动，关阀时间要尽量大于相长，避免出现直接水击；双阀门停输再启动可采用合理设计两阀门关阀计划，将瞬变压力分散至每个阀门中，使阀芯受到的最大瞬变压力减小。

(7)成品油的压缩系数比水的压缩系数大，输油管道中成品油所受瞬变压力比输水管道所受瞬变压力及压力波速均减小。同输水管道比，在输油管道瞬变压力振荡过程中，成品油层间耗散增大，瞬变压力振幅减小，震动周期增大。

第7章 钻井操作中多相波动压力演变特性

7.1 井筒多相波动压力模型

多相波动压力模型建立在井筒多相流体运移模型及井筒多相压力波速模型的基础上，流体的控制体如图 7-1 所示。为建立气液两相激动压力模型，假设：

(1)气液相间不存在热量交换；

(2)气液两相波速沿井筒一维传播；

(3)气液流体及井筒壁为弹性。

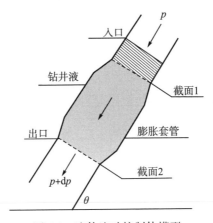

图 7-1 流体流动控制体模型

气液两相连续方程：

$$\left[\rho_m A v_m \mathrm{d}t + \frac{\partial(\rho_m A v_m \mathrm{d}t)}{\partial s}\mathrm{d}s\right] + \frac{\partial(\rho_m A \mathrm{d}s)}{\partial t}\mathrm{d}t = \rho_m A v_m \mathrm{d}t \tag{7-1}$$

式中：ρ_m 为气液两相平均液密度；A 为有效井筒截面积；v_m 为平均流速；t 为时间；s 为沿井筒长度。

气液两相运动方程：

$$pA + \rho_m g\left(A + \frac{\partial A}{\partial s}\cdot\frac{\mathrm{d}s}{2}\right)\mathrm{d}s + \left(p + \frac{\partial p}{\partial s}\cdot\frac{\mathrm{d}s}{2}\right)\frac{\partial A}{\partial s}\cdot\mathrm{d}s - \left(pA + \frac{\partial(pA)}{\partial s}\mathrm{d}s\right) - \tau X \mathrm{d}s = \rho_m\left(A + \frac{\partial A}{\partial s}\cdot\frac{\mathrm{d}s}{2}\right)\mathrm{d}s\cdot\frac{\mathrm{d}v_m}{\mathrm{d}t} \tag{7-2}$$

式中：p 为压力；g 为重力加速度；τ 为管壁对液流摩阻力；X 为平均湿周。

沿井筒气液两相压力梯度方程：

$$\frac{\mathrm{d}p}{\mathrm{d}s} = \rho_m g + f\frac{\rho_m v_m^2}{2D} - \rho_m v_m \frac{\mathrm{d}v_m}{\mathrm{d}s} \tag{7-3}$$

式中：D 为井筒有效直径；f 为摩阻系数。

气液两相波速方程，可简写为

$$c(p, T_e, A, \phi, \omega) = \frac{\left| \omega/R^+(k) - \omega/R^-(k) \right|}{2} \tag{7-4}$$

式中：c 为压力波速；T_e 为温度；ϕ 为空隙率；ω 为扰动频率；$R^+(k)$ 为复系数实部；$R^-(k)$ 为复系数虚部；k 为波数。

气体状态方程：

$$\rho_g = p/(z_g \cdot R \cdot T_e) \tag{7-5}$$

式中：z_g 是压缩因子，R 为气体常数。

当压力 $p \leqslant 35\text{MPa}$：

$$\begin{aligned} z_g =& 1 + \left(0.3051 - \frac{1.0467}{T_r} - \frac{0.5783}{T_r^3}\right)\rho_r \\ &+ \left(0.5353 - \frac{02.6123}{T_r} - \frac{0.6816}{T_r^3}\right)\rho_r^2 \end{aligned} \tag{7-6}$$

当压力 $p > 35\text{MPa}$：

$$z_g = \frac{0.06125 p_r T_r^{-1} \exp(-1.2(1 - T_r^{-1})^2)}{y} \tag{7-7}$$

y 可通过如下隐函数获得

$$\begin{aligned} & -0.06125 p_r T_r^{-1} \exp(-1.2(1 - T_r^{-1})^2) + \frac{y}{(1-y)^3} \\ & + \frac{y^2 + y^3 + y^4}{(1-y)^3} = (14.76 T_r^{-1} - 9.76 T_r^{-2} + 4.58 T_r^{-3}) y^2 \\ & \qquad - (90.7 T_r^{-1} - 242.2 T_r^{-2} + 42.4 T_r^{-3}) y^{(2.18+2.82 T_r^{-1})} \end{aligned} \tag{7-8}$$

式中：$T_r = T_e/T_c$；$p_r = p/p_c$；$\rho_r = 0.27 \cdot p_r/(z_g \cdot T_r)$。

流型划分按 Orkiszewski 准则，维数 L_s、L_b、L_m 被定义为

$$L_s = 50 + (36 N_v \cdot q_l/q_g) \tag{7-9}$$

$$L_b = 1.071 - (0.7277 v_m^2/D) \tag{7-10}$$

$$L_m = 75 + 84(N_v \cdot q_l/q_g) \tag{7-11}$$

这里 $N_v = v_s \left[\rho_l/(g\sigma)\right]^{0.25}$。

式中：q_l 为钻井液流量；q_g 为气体流量；v_s 为滑脱速度；ρ_l 为钻井液密度；σ 为气液张力。

泡状流判断准则为：$q_g/q_m < L_b$。

弹状流判断准则为：$q_g/q_m > L_b$，$N_v < L_s$。

过渡流判断准则为：$L_m > N_v > L_s$。

雾状流判断准则为：$N_v > L_m$。

泡状流及雾状流中气液两相混合密度为

$$\rho_m = (1 - \phi)\rho_l + \phi\rho_g \tag{7-12}$$

泡状流中气体空隙率为

$$\phi = \frac{1}{2}\left[1 + \frac{q_m}{v_s A} - \sqrt{\left(1 + \frac{q_m}{v_s A}\right)^2 - \frac{4q_g}{v_s A}}\right] \tag{7-13}$$

式中：q_m 为两相体积流量。

弹状流中气液两相混合密度为

$$\rho_m = (w_m + \rho_l v_s A)/(q_m + v_s A) + c_0\rho_l \tag{7-14}$$

式中：w_m 为混合物质量流量；c_0 为气液分配系数。

弹状流中气体空隙率为

$$\phi = q_g/(q_g + q_l) \tag{7-15}$$

过渡流中气液两相混合密度为

$$\rho_m = \frac{L_m - N_v}{L_m - L_s}\rho_{ms} + \frac{N_v - L_s}{L_m - L_s}\rho_{mm} \tag{7-16}$$

式中：ρ_{ms} 为弹状流中气液平均密度；ρ_{mm} 为中气液雾状流平均密度。

将梯度方程处理为常微分方程初值问题：

$$\frac{\mathrm{d}p}{\mathrm{d}s} = F(s, p), p(s_0) = p_0 \tag{7-17}$$

取步长 h，由已知函数 $F(s, p)$ 及初值 (s_0, p_0) 得

$$k_1 = F(s_0, p_0) \tag{7-18}$$

$$k_2 = F\left(s_0 + \frac{h}{2}, p_0 + \frac{h}{2}k_1\right) \tag{7-19}$$

$$k_3 = F\left(s_0 + \frac{h}{2}, p_0 + \frac{h}{2}k_2\right) \tag{7-20}$$

$$k_4 = F(s_0 + h, p_0 + hk_3) \tag{7-21}$$

在结点 $s_1 = s_0 + h$ 处压力值为

$$p_1 = p_0 + \Delta p = p_0 + h(k_1 + 2k_2 + 2k_3 + k_4)/6 \tag{7-22}$$

分别求取沿井筒每个网格 $(s_1, s_2, \cdots, s_n)$ 压力、温度、空隙率及波速分布，可得不同网格气/液相密度、压力、空隙率；将气-液两相流参数代入波速方程，可得各网格波速。

井筒中流道组合如图 7-2 所示，井筒中流道 J、$J+1$、$J+2$ 串联连接，

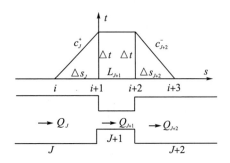

图 7-2 下钻中井筒流道组合示意图

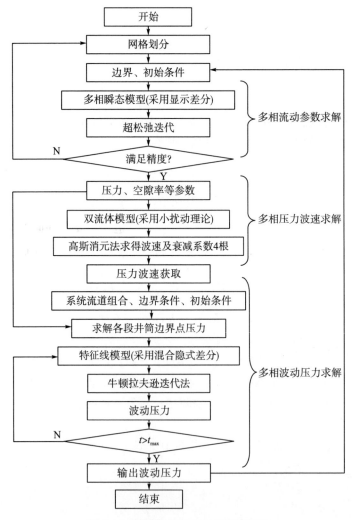

图 7-3 井筒多相波动压力计算简图

对方程进行离散，可得激动压力求解方程组：

$$
\begin{cases}
(p_{k+2,t})_i - \rho_m \left(\dfrac{c_{J+2}}{A_{J+2}} Q_{k+2,t}^{J+2} \right)_i - \left[(p_{k+3,t-\Delta t})_2 + \rho_m \left(\dfrac{c_{J+2}}{A_{J+2}} Q_{k+3,t-\Delta t} \right)_i \right. \\
\left. \qquad - \dfrac{\rho_m \Delta t}{8} \left(\dfrac{c_{J+2}}{m_{J+2}} f_{k+3,t-\Delta t} v_{k+3,t-\Delta t} \mid v_{k+3,t-\Delta t} \mid \right)_i \right] = 0 \\[6pt]
(p_{k+1,t})_i + \rho_m \left(\dfrac{c_J}{A_J} Q_{k+1,t}^J \right)_i - \left[(p_{k,t-\Delta t})_i + \rho_m \left(\dfrac{c_J}{A_J} Q_{k,t-\Delta t} \right)_i \right. \\
\left. \qquad - \dfrac{\rho_m \Delta t}{8} \left(\dfrac{c_J}{m_J} f_{k,t-\Delta t} v_{k,t-\Delta t} \mid v_{k,t-\Delta t} \mid \right)_i \right] = 0 \\[6pt]
(p_{k+2,t} - p_{k+1,t})_i + E_{11} (Q_{k+2,t}^{J+1} - Q_{k+1,t}^{J+1})_i + E_{12} = 0 \\[4pt]
(p_{k+2,t} - p_{k+1,t})_i + D_{11} (Q_{k+2,t}^{J+1} - Q_{k+1,t}^{J+1})_i + D_{12} = 0 \\[4pt]
(Q_{k+1,t}^{J+1} - Q_{k+1,t}^J)_i - v_{p(t)} \cdot \Delta A_1 = 0 \\[4pt]
(Q_{k+2,t}^{J+2} - Q_{k+2,t}^{J+1})_i - v_{p(t)} \cdot \Delta A_2 = 0
\end{cases}
\tag{7-23}
$$

式中：$Q_{k,t}$ 为 k 点 t 时间流体流量；ΔA_1、ΔA_2 为管 $J+1$ 与 J、管 $J+2$ 与 $J+1$ 横截面积差；D_{11}、D_{12}、E_{11}、E_{12} 为隐式差分系数。

串连流道连接点需满足约束条件：$L_J \geqslant c_J \cdot \Delta t$；$L_{J+2} \geqslant c_{J+2} \cdot \Delta t$；$L_{J+1} < c_{J+1} \cdot \Delta t$；结合边界压力条件 $p_i^{J+1} = p_i^J$。借助 Newton-Raphson 方法求解方程组，可得任意时刻不同井深激动压力。

7.2　关井引发的井筒波动压力

随油气资源开采及人们对石油大量的需求，迫切需要钻井向窄密度窗口及精细化方向发展。关井是实现钻井不可缺少的一个重要环节。关井过程中，由于井筒流体流速的迅速改变，产生较大的波动，容易压漏地层。关井前需做地层破裂实验，计算出地层破裂压力，从而确定许用关井引发的井底波动压力。根据不同截流方式常把关井分为软关井、半软关井及硬关井等方式，不同文献对各种关井优劣持有不同论述，软硬关井的实施要根据具体钻井工况决定。如果井底发生较小溢流，可通过一级井控的节流管汇等装备进行控制；当井底发生较大溢流时，必须实施二级或三级井控。

以某口深井为例，选用的参数为该井钻至 4000m 的参数。当钻井发现较大溢流，甚至井喷时，实施关井，其井身结构如图 7-4 所示，套管泊松比为 0.3，地表温度为 293K，钻井液排量为 0.036m³/s，井筒弹性模量为 2.07×10^{-11} Pa。钻井液密度为 1420kg/m³。

图 7-5、图 7-6 分别计算了当井底发生气侵时，不同气侵量对井筒空隙率、压力波速的影响。图 7-7~图 7-11 的波动压力计算是在井筒空隙率及压力波速计算的基础上。图 7-5 气侵量并不是随钻测量仪器测量的溢流量，而是借助差分方

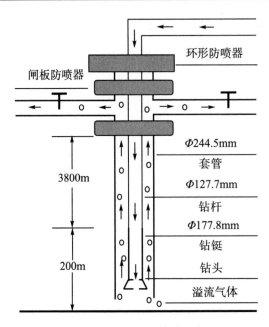

图 7-4   气侵过程中关井示意图

法，利用井口测得含气率，反算计算得出的井筒空隙率。该示例模拟关井均以 $T_0=50s$ 线性完成，如现场关井时间 $T_0>50s$，引起的井筒波动压力将小于 $T_0=50s$ 线性关井计算的波动压力值。图 7-5 示出了井底发生气侵实施关井过程中，气侵量为 $Q_g=0.412m^3/h$，$Q_g=1.458m^3/h$，$Q_g=4.140m^3/h$ 及 $Q_g=8.849m^3/h$ 时，井筒空隙率的演变规律。当气侵量增大时，井筒空隙率呈现增大趋势。由于井底压力较高，气体在高压下，体积及压缩系数变化较小，因此近井底处空隙率变化不明显。在井口处，由于井筒压力急剧减小，从而使气体空隙率迅猛增大。当气侵量为 $Q_g=8.849m^3/h$ 时，井口处（$H=0m$）空隙率为 95.829%，井底处（$H=4000m$）空隙率为 5.464%，气体空隙率迅猛增大 17.53 倍。图 7-6 对应图 7-5 中气体空隙率变化示出了，气侵量为 $Q_g=0.412m^3/h$，$Q_g=1.458m^3/h$，$Q_g=4.140m^3/h$ 及 $Q_g=8.849m^3/h$ 时，井筒多相压力波速演变规律。当井底发生气侵时，在不同的井段空隙率发生实时变化。由于空隙率的变化对压力波速的变化极其敏感，即使少量气体可使多相压力波速大幅下降，因此由关井引发的压力波速也跟随空隙率实时变化。在井底处（$H=4000m$），气体处于高压状态，气相压缩性变化不明显，导致了井筒多相流体的压缩性也无明显变化，使井底处的压力波速变化不明显。在井口处（$H=0m$），气体体积急剧增加，使多相流体的压缩性增大，因此压力波速急剧降低。压力波速并不是随空隙率的增大，无限制地减小，当空隙率增大到一定值，随空隙率的增大呈现增大趋势，这与水平管中波速变化规律是一致的。当 $Q_g=0.412m^3/h$ 时，井口（$H=0m$）压力波速为 26.456 m/s，井底（$H=4000m$）压力波速为 1077.567m/s，增大 40.73 倍。

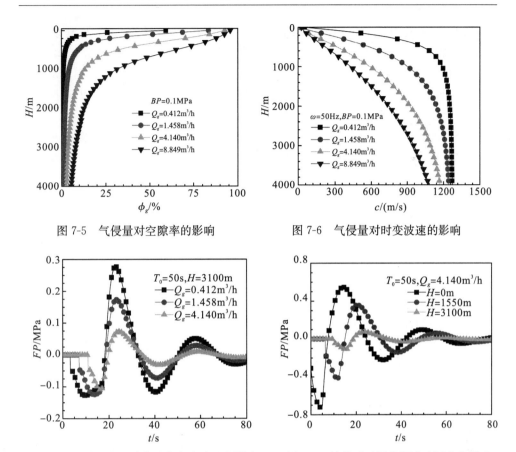

图 7-5　气侵量对空隙率的影响　　　　图 7-6　气侵量对时变波速的影响

图 7-7　不同溢流量关井对井底波动压力影响　　图 7-8　关井对不同井深波动压力的影响

图 7-7 对应图 7-6 中的压力波速示出了，当井底气侵量为 $Q_g = 0.412\text{m}^3/\text{h}$、$Q_g = 1.458\text{m}^3/\text{h}$ 及 $Q_g = 4.140\text{m}^3/\text{h}$ 时，井底所受波动压力演变规律。随气侵量增大，井筒多相流体的可压缩性增大，使压力传递过程中的波动压力耗散能量增大，从而井筒多相波动压力呈现减小趋势。井筒压力波速的减小，可使波动压力变化周期变长，因此，井底接受压力响应的时间滞后。当 $Q_g = 0.412\text{m}^3/\text{h}$ 时，波动压力最大波峰为 0.2776MPa；当 $Q_g = 1.458\text{m}^3/\text{h}$ 时，波动压力最大波峰为 0.1727MPa；当 $Q_g = 4.140\text{m}^3/\text{h}$ 时，波动压力最大波峰为 0.0681MPa。当气侵量增大 3.782 m^3/h 时，井底所受波动压力增大 4.08 倍。图 7-8 示出了，井底发生气侵 $Q_g = 0.412\text{m}^3/\text{h}$ 关井过程中，不同井深 $H = 0\text{m}$、$H = 1200\text{m}$ 及 $H = 2400\text{m}$ 所受波动压力的演变规律。由于井筒壁的摩阻极大降低了波动压力峰值，因此，在相同气侵条件下，随井深增大，波动压力峰值减小。不同井段所受压力响应时间也随井深增大而延长，压力响应主要受到井筒压力波速及井筒长度影响，井筒某深度的压力响应时间为波动压力通过各离散网格所需的时间和。在相同的关井操作中，在时间为 $t = 14.199\text{s}$ 时，井口处 $H = 0\text{m}$ 达到最大波动压力

0.5463MPa；在时间为 $t=20.568$s 时，井深 $H=1550$m 达到最大波动压力 0.3587MPa；在时间为 $t=23.488$s 时，井深 $H=3100$m 达到最大波动压力 0.073MPa。井深 $H=1550$m 同 $H=0$m 相比，最大波动压力衰减了 0.4733MPa，减小了 86.63%。可见，流体的压缩性及井筒壁面的摩擦力对波动压力耗散影响较大，使波动压力沿井筒传输过程中，波动压力迅速衰减。

图 7-9 示出了，不同关井时间 $T_0=5$s，$T_0=10$s 及 $T_0=15$s，井筒多相波动压力演变规律。随关井时间增大，波动压力呈周期性向后移动，但井筒多相波动压力峰值减小。如果井底发生液相溢流，随关阀时间延长，波动压力峰值呈明显增大趋势。随关阀时间延长，井筒多相波动压力峰值呈减小趋势，这与单相波动压力的演变规律是一致的。关井时间 $T_0=5$s 时，波动压力最大波峰为 0.073MPa；关井时间 $T_0=10$s 时，波动压力最大波峰为 0.06288 MPa；关井时间为 $T_0=15$s 时，波动压力最大波峰为 0.04055MPa，延长 10s 的关阀时间，波动压力最大峰值减小 44.46%。图 7-10 示出了，当井底发生液相溢流与发生气侵时，$T_0=5$s 关井对井底产生波动压力变化规律。由于井筒气体的出现导致了多相流体的压缩性大幅增大，更使压力从井口向井底传播过程中的压能急剧衰减。气侵的发生不但降低了井底波动压力，更使井底压力响应时间滞后。当井筒为单相钻井液时，井底压力响应时间大约为 $t=2.256$s，当井底发生 $Q_g=4.140$m³/h 的气侵时，压力响应时间滞后到 $t=10.085$s，压力响应时间滞后 347.03%。从图 7-9 可看出，井底发生液相溢流时 $Q_g=0$m³/h，最大波动压力峰值为 1.2893MPa。当井底发生气体溢流（$Q_g=0.412$m³/h）时，最大波动压力峰值为 0.073MPa，气相溢流同液相溢流比较，井底所受的波动压力几乎让气相的压缩性消耗殆尽，这就要求液相侵入地层，实施关井时，更要认真考虑关井产生的波动压力对地层造成危害。

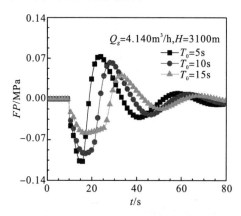

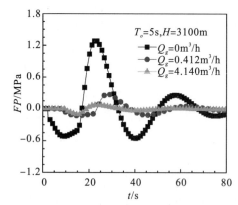

图 7-9　不同关井时间的井底所受波动压力　　图 7-10　液侵气侵关井对井底波动压力影响

图 7-11 示出了，当井底发生气侵时，$T_0=5$s 关井，钻井液排量对井底产生波动压力变化规律。钻井液排量的增大，使空隙率相应减小，因此排量增大将使

波动压力增大。钻井液排量的减少对井筒多相波动压力的影响不显著。相反的，如果井底发生液相侵入，随钻井液排量增大，钻井液流速发生较大改变，使井筒中单相波动压力变化较明显。当排量为 $Q_L = 0.073\text{m}^3/\text{s}$ 时，波动压力最大峰值为 0.10607MPa；当排量为 $Q_L = 0.053\text{m}^3/\text{s}$ 时，波动压力最大峰值为 0.0729MPa；当排量为 $Q_L = 0.033\text{m}^3/\text{s}$ 时，波动压力最大峰值为 0.09112MPa。排量 $Q_L = 0.073\text{m}^3/\text{s}$ 与排量 $Q_L = 0.033\text{m}^3/\text{s}$ 相比，最大波动压力峰值减小 0.01495MPa。

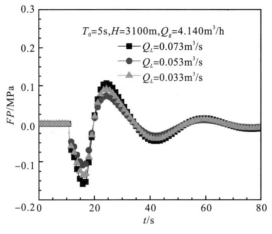

图 7-11　不同排量对井底所受波动压力影响

7.3　起下钻引发的井筒波动压力

在油气田勘探开发中，井控技术占有重要地位。许多现场资料统计表明 25% 井漏是由快速下钻引发的激动压力造成。快速下钻易压漏地层，引起井壁坍塌、卡钻等钻井事故，高速钻井液也可损害储层。在钻井工程设计中，钻井液密度、井身结构设计都与井筒激动压力有关。

7.3.1　起下钻边界条件

1. 关口管关泵

起下钻过程中，各工况的边界条件如下。

管柱以速度 $v(t)$ 运动，单位时间排开的流体体积流量为

$$Q_s = \pi\left(\frac{d}{2}\right)^2 v(t) \tag{7-24}$$

式中：d 为管柱内径，m。

环空的平均流速为

$$v_1 = \frac{Q_s}{\pi\left[\left(\dfrac{D}{2}\right)^2 - \left(\dfrac{d}{2}\right)^2\right]} = \frac{d^2}{D^2 - d^2}v(t)$$ (7-25)

式中：D 为管柱套管内径，m。

考虑黏附系数时环空的平均流速为

$$\bar{v} = \left(\frac{d^2}{D^2 - d^2} + K_c\right)v(t)$$ (7-26)

式中：K_c 为黏附系数。

初始条件为

$$\begin{cases} p_i(s,0) = 0 \\ Q_i(s,0) = 0 \end{cases}(i = 1,2,3)$$ (7-27)

边界条件为

$$\begin{cases} Q_1 + Q_2 = v(t)A_0 \\ Q_3 = -v(t)A_3 \\ p_1 = p_2 \end{cases}$$ (7-28)

不计大气压力，则在井口和井底截面有

$$\begin{cases} p_i(l_2) = 0 \\ Q_i(l_1) = 0 \end{cases}(i = 2,3)$$ (7-29)

串联结点处的连接条件为

$$\begin{cases} Q_i^{J+1}(l_3) - Q_i^J(l_3) = v(t)(\Delta A) \\ p_i^{J+1}(l_3) = p_i^J(l_3) \end{cases}$$ (7-30)

2. 开口管关泵

环空的平均流速为

$$v_1 = \frac{Q_s - Q_i}{\pi\left(\dfrac{D}{2}\right)^2 - \pi\left(\dfrac{d}{2}\right)^2} = \frac{Q_s}{\pi\left[\left(\dfrac{D}{2}\right)^2 - \left(\dfrac{d}{2}\right)^2\right]} - \frac{4Q_i}{\pi[D^2 - d^2]}$$
$$= \frac{d^2 - d_i^2}{D^2 - d^2}v(t) - \frac{40Q_i}{\pi(D^2 - d^2)}$$ (7-31)

考虑黏附系数时环空的平均流速为

$$\bar{v} = \left(\frac{d^2 - d_i^2}{D^2 - d^2} + K_c\right)v(t) + \frac{40Q_i}{\pi(D^2 - d^2)}$$ (7-32)

开口管内径(指钻头处)喷嘴有效直径表示为

$$J = \sqrt{J_1^2 + J_2^2 + J_3^2}$$ (7-33)

式中：J_1 为喷嘴 1 直径，m；J_2 为喷嘴 2 直径，m；J_3 为喷嘴 3 直径，m；J 为喷嘴有效直径，m。

计算初始条件为

$$\begin{cases} p_i(s,0) = 0 \\ Q_i(s,0) = 0 \end{cases} (i = 1,2,3) \qquad (7\text{-}34)$$

计算边界条件为

$$\begin{cases} p_1 - p_3 = (\rho/2\mu)(Q_3/A_e + vp)\,|\,Q_3/A_e + v(t)\,| \\ Q_1 + Q_2 + Q_3 = v(t)(A_0 - A_3) \\ p_1 = p_2 \end{cases} \qquad (7\text{-}35)$$

钻头喷嘴的有效直径为

$$A_e = \frac{1}{4}\pi \sum_{i=1}^{n} d_i^2 \qquad (7\text{-}36)$$

不计大气压力，在井口及井底截面的边界条件为

$$\begin{cases} p_i(l_2) = 0 \\ Q_i(l_1) = 0 \end{cases} (i = 2,3) \qquad (7\text{-}37)$$

设结点到原点的距离为 l_3 则有

$$\begin{cases} Q_i^{J+1}(l_3) - Q_i^{J}(l_3) = v(t)(\Delta A) \\ p_i^{J+1}(l_3) = p_i^{J}(l_3) \end{cases} \qquad (7\text{-}38)$$

3. 开口管开泵

井筒中钻井液流量为

$$Q_i = Q_s + Q_p \qquad (7\text{-}39)$$

井筒中流速与流量的关系为

$$v_1 = \frac{d^2}{D^2 - d^2} v(t) + \frac{40Q_p}{\pi(D^2 - d^2)} \qquad (7\text{-}40)$$

考虑黏附系数时环空的平均流速为

$$\bar{v} = \left(\frac{d^2}{D^2 - d^2} + K_c\right) v(t) + \frac{40Q_p}{\pi(D^2 - d^2)} \qquad (7\text{-}41)$$

钻柱在开口管和关口管工况下，假设泵排量为 Q_w，则初始条件为

$$\begin{cases} p_1(s,0) = 0, Q_1(s,0) = 0 \\ p_2(s,0) = [(f_2 \rho Q_w^2)/(8m_2 A_2)]s, Q_2(s,0) = Q_w \qquad (i = 1,2,3) \\ p_3(s,0) = [(f_3 \rho Q_w^2)/(8m_3 A_3)](L_2 - s), Q_3(s,0) = Q_w \end{cases}$$
$$\qquad (7\text{-}42)$$

计算边界条件为

$$\begin{cases} Q_1 + Q_2 = v(t)(A_0 - A_3) \\ Q_3 = -v(t)A_3 + Q_w \\ p_1 = p_2 \end{cases} \qquad (7\text{-}43)$$

不计大气压力，在井口和井底截面为

$$\begin{cases} p_i(l_2) = 0 \\ Q_i(l_1) = 0 \end{cases} (i = 2,3) \tag{7-44}$$

图 7-12 示出了不同工况下起下钻井筒结构图，管柱底部端面所在截面包括开口管和关口管，实际井内水力系统中含有许多串联管路，需给出在串联接点处的连接条件。

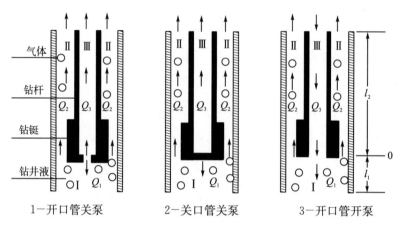

1—开口管关泵　　　　2—关口管关泵　　　　3—开口管开泵

图 7-12　不同工况起下钻井筒结构图

设接点到原点的距离为 l_3 则有

$$\begin{cases} Q_i^{J+1}(l_3) - Q_i^J(l_3) = v(t) \cdot \Delta A \\ p_i^{J+1}(l_3) = p_i^J(l_3) \end{cases} \tag{7-45}$$

井筒中流道组合如图 7-13 所示，串连流道连接点需满足约束条件：$l_J \geqslant c_J \cdot \Delta t$，$l_{J+2} \geqslant c_{J+2} \cdot \Delta t$，$l_{J+1} < c_{J+1} \cdot \Delta t$，结合边界压力条件 $p_i^{J+1} = p_i^J$，借助 Newton-Raphson 方法，可求解任意时刻不同井深波动压力，具体起下钻过程中气液两相瞬变压力求解流程图参照图 7-14。

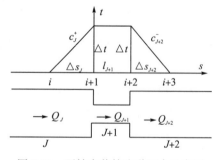

图 7-13　下钻中井筒流道组合示意图

式中：$Q_{k,t}$ 为 k 点 t 时间流体流量，m^3/s；ΔA_1 为管 $J+1$ 与 J 横截面积差，m^2/s；ΔA_2 为管 $J+2$ 与 $J+1$ 横截面积差，m^2/s；D_{11}、D_{12}、E_{11}、E_{12} 为隐式差分系数。

　　井筒中流道 J、$J+1$、$J+2$ 串联连接，对连续方程与动量方程离散，可获得波动压力求解方程组：

$$
\begin{cases}
(p_{k+2,t})_i - (\phi_l\rho_l + \phi_g\rho_g)\left(\dfrac{c_{J+2}}{A_{J+2}}Q_{k+2,t}^{J+2}\right)_i - \left[(p_{k+3,t-\Delta t})_2 + (\phi_l\rho_l + \phi_g\rho_g)\right. \\[2mm]
\left.\left(\dfrac{c_{J+2}}{A_{J+2}}Q_{k+3,t-\Delta t}\right)_i - \dfrac{(\phi_l\rho_l + \phi_g\rho_g)\Delta t}{8}\left(\dfrac{c_{J+2}}{m_{J+2}}f_{k+3,t-\Delta t}v_{k+3,t-\Delta t}\,|\,v_{k+3,t-\Delta t}\,|\right)_i\right] = 0 \\[3mm]
(p_{k+1,t})_i + (\phi_l p_l + \phi_g\rho_g)\left(\dfrac{c_J}{A_J}Q_{k+1,t}^J\right)_i - \left[(p_{k,t-\Delta t})_i + (\phi_l p_l + \phi_g\rho_g)\right. \\[2mm]
\left.\left(\dfrac{c_J}{A_J}Q_{k,t-\Delta t}\right)_i - \dfrac{(\phi_l p_l + \phi_g\rho_g)\Delta t}{8}\left(\dfrac{c_J}{m_J}f_{k,t-\Delta t}v_{k,t-\Delta t}\,|\,v_{k,t-\Delta t}\,|\right)_i\right] = 0 \\[3mm]
(p_{k+2,t} - p_{k+1,t})_i + E_{11}(Q_{k+2,t}^{J+1} - Q_{k+1,t}^{J+1})_i + E_{12} = 0 \\[2mm]
(p_{k+2,t} - p_{k+1,t})_i + D_{11}(Q_{k+2,t}^{J+1} - Q_{k+1,t}^{J+1})_i + D_{12} = 0 \\[2mm]
(Q_{k+1,t}^{J+1} - Q_{k+1,t}^J)_i - v(t)\cdot\Delta A_1 = 0 \\[2mm]
(Q_{k+2,t}^{J+2} - Q_{k+2,t}^{J+1})_i - v(t)\cdot\Delta A_2 = 0
\end{cases}
\tag{7-46}
$$

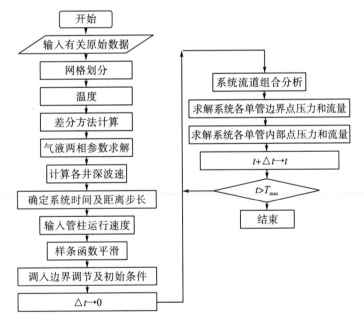

图 7-14　瞬态气液两相下钻波动压力流程图

　　起下钻过程中井越深，钻井液密度、黏度越大，当起下钻速度加快时，井底压力波动越剧烈。对于窄安全密度窗口地层而言，如果起下钻速度过快，会使井底压力的瞬时值超过地层破裂（漏失）压力，从而引发井漏事故，或者低于地层孔隙压力引发地层流体侵入井筒，所以必须限制最大起下钻允许速度。

$$
p_p \leqslant p_{md} \pm p_{fl}(v_{\max}) \pm p_{\text{choke}}(v_{\max}) \leqslant p_{\text{fleak}}
\tag{7-47}
$$

式中：p_p 为裸眼段地层孔隙压力，N；p_{md} 为钻柱内钻井静液柱压力，N；p_{choke} 为节流阀产生的压力，N；v_{max} 为最大下钻速度，m/s；p_{fleak} 为破裂压力，N；p_{fl} 为波动压力，N。

起下钻时引发的波动压力主要由两部分构成：p_{fl} 和 p_{choke}。两部分压力值大小所受影响因素（包括钻井液密度、黏度，起下钻速度等）基本相同，变化趋势一致，作用方向相同。其中 p_{fl} 占波动压力的比重很大，波动压力值的大小主要由该部分决定；p_{choke} 所占波动压力的比重较小，但不能忽略，尤其是钻窄安全密度窗口地层时，更需要进行精确计算。

7.3.2 波动压力特性分析

将文中气－液两相激动压力模型应用到单相钻井液中，通过编程计算，与文献[92]有较好的一致性，如图 7-15 所示。

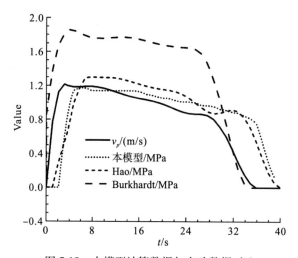

图 7-15 本模型计算数据与实验数据对比

当钻头（外径 Φ215.9mm）钻至 4000m 井深时，钻柱组合为：Φ215.9 mm ＋Φ177.8mm 钻铤（内径 78mm）×200m＋Φ 127mm 钻杆（内径 108.6mm）；喷嘴组合为：$J_1＝J_2＝12$mm，$J_3＝13$mm，该井钻井液、气体、钻铤参数如表 7-1 所示。

表 7-1 计算井参数

类型	参数	值
钻井液	运动黏度/(Pa·s)	0.056
	密度/(kg/m³)	1460
气体	相对密度	0.65
	黏度/(Pa·s)	1.14×10^{-5}

续表

类型	参数	值
	弹性模量/Pa	2.07×10^{11}
钻铤	泊松比	0.3
	粗糙度/m	1.54×10^{-7}

图 7-16~图 7-22 中：c 为气液两相波速，m/s；D 为井筒有效直径，m；L 为钻柱长度，m；p_s 为激动压力，MPa；Q_g 为井底气侵率，m³/h；v_p 为下钻速度，m/s；v_a 为下钻加速度，m/s²；v_m 为流体运动速度，m/s；Value 为激动压力/加速度/速度；ϕ 为气相空隙率。

图 7-16 示出了，随井底气侵变化（$Q_g = 1.228 \text{m}^3/\text{h}$、$Q_g = 2.215 \text{m}^3/\text{h}$、$Q_g = 8.236 \text{m}^3/\text{h}$），井筒中气液两相压力波速变化规律。气体侵入使气液两相可压缩性显著增大，使介质呈现较大弹性，气液相间动量交换加剧，能量耗散增大，因此随气侵率增大，空隙率呈现增大趋势，波速呈现下降趋势，即使少量气体侵入井筒也会明显降低波速。气体向井口运移过程中，气体体积迅速膨胀，井筒空隙率相应增大，从而波速急剧减小。

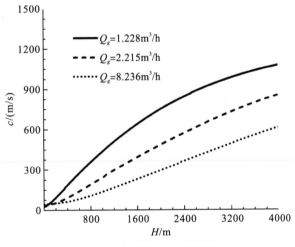

图 7-16　气侵量对波速的影响

图 7-17 示出了，井底气侵量为 $Q_g = 2.215 \text{m}^3/\text{h}$，下钻速度、井筒流体速度及下钻加速度变化规律。当 $t = 34.572\text{s}$ 时，钻杆停止运动，下钻速度为 $v_p = 0\text{m/s}$，既使钻杆停止运动，井筒中流体仍做阻尼震动，钻井液流速呈现周期性减小。在阻尼振动中，由于钻井液受到井壁摩擦力作用，钻井液波动速度逐渐衰减。图 7-18 示出了，随井底气侵变化（$Q_g = 0\text{m}^3/\text{h}$、$Q_g = 2.215\text{m}^3/\text{h}$、$Q_g = 8.236\text{m}^3/\text{h}$），井底激动压力滞后时间变化规律。随气侵速率增大，激动压力呈现减小趋势，激动压力滞后时间均呈现增大趋势。气侵速率增大，增大了气液两

相的压缩性，使井筒气液两相压力波速减小。在相同井深，气侵率增大，使下钻引发的激动压力传播时间延长，从而引起激动压力时间滞后。井底气侵量 $Q_g =$ 8.236m³/h 同未气侵比较，激动压力最大峰值减小 1.75MPa，滞后时间延长 $t =$ 2.231s。在下钻操作中如果发生气侵，可适当增加下钻速度，使井底激动压力增大，可平衡地层压力，起到抑制气侵的作用。

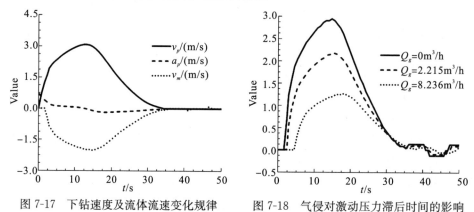

图 7-17　下钻速度及流体流速变化规律　　图 7-18　气侵对激动压力滞后时间的影响

　　图 7-19 示出了，钻柱长度变化($L=500$m、$L=1500$m、$L=2500$m)，井底激动压力滞后时间变化规律。随钻柱长度减小，使井筒中流体传播有效距离增大，相同的波速，使得激动压力传播时间增大，因此井底接受激动压力时间呈现增大趋势，在井底激动压力做阻尼振动的时间跟随滞后。钻柱长度从 $L=500$m 增大到 $L=2500$m，激动压力最大峰值减小 0.208MPa，滞后时间延长 $t=1.585$s。图 7-20示出了，井径变化($D=0.1778$m、$D=0.2145$m、$D=0.254$m)，井底激动压力滞后时间变化规律。由于井径变化对压力波速及压力传播距离几乎不产生影响，因此井径变化对激动压力滞后时间影响较小。其他条件不变，随井径增大，激动压力最大峰值减小，激动压力到达井底时间及激动压力做阻尼振动时间几乎一致。井径从 $D=0.1778$m 增大到 $D=0.254$m，激动压力最大峰值减小 0.195MPa，滞后时间延长 $t=0.021$s。

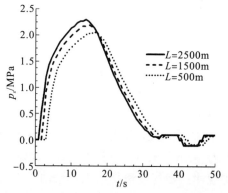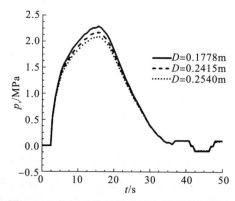

图 7-19　钻柱长度对激动压力滞后时间影响　　图 7-20　井径变化对激动压力滞后时间影响

图 7-21 示出了，井底气侵量 $Q_g = 2.215\text{m}^3/\text{h}$，钻杆、井筒流体、钻杆加速度、井底激动压力随时间变化规律。产生激动压力本质是由流体速度瞬变产生，因此流体速度变化趋势与激动压力变化率基本一致，但流速与激动压力方向相反。当钻杆停止运动时，由于气液两相压缩性，激动压力在井底做周期性阻尼振动，由于井筒对气液两相流体产生摩擦力，若干周期后激动压力逐渐衰减，直至停止。图 7-22 比较了两组不同下钻速度对激动压力滞后时间影响规律。激动压力滞后时间不依赖下钻速度，下钻速度增大对激动压力滞后时间影响较小，使井底所受激动压力增大。激动压力滞后时间同下钻时间比较，呈现较好的跟随性。

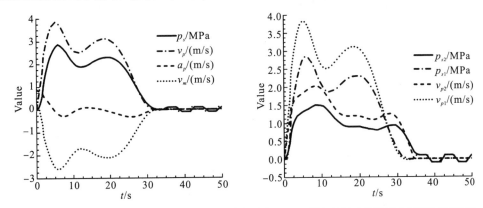

图 7-21　下钻速度对流速及激动压力滞后时间影响　图 7-22　下钻速度对激动压力滞后时间影响

7.4　拟稳态多相波动压力经验公式

考虑气体的压缩性、井筒深度及黏附力等参数，建立了起下钻引发的两相稳态波动压力经验模型，以一个具体的工程实例为例，采用龙格库塔方法，借助计算机编程对其求解。结果表明：空隙率减小、钻井液密度增大、井深增大及过快的起下钻速度均使井筒两相波动压力增大，使钻井安全密度窗口相应变小，允许最大起下钻速度减小；由于气体的混入，使气液两相的黏附力减小、压缩性增大，可适当加快下钻速度，这样不但不会压漏地层，更起到提高钻井时效的目的；利用经验公式计算波动压力可达到快速简捷的目的，可为钻井工程师提供理论基础及应用指南。

气液两相动量守恒方程为

$$\frac{\mathrm{d}p}{\mathrm{d}z} = \rho_m g \sin\theta - \frac{\tau_w \pi D_h}{A} - \rho_m v_m \frac{\mathrm{d}v_m}{\mathrm{d}z} \tag{7-48}$$

式中：p 为压力，Pa；z 为沿井筒深度，m；ρ_m 为气液混合密度，kg/m^3；v_m 为气液平均速度，m/s；D_h 为井筒直径，m；τ_w 为摩擦应力，N/m^2。

泥浆静切力引发的波动压力为

$$p_{sw} = \xi_1 \frac{4 \times 10^{-3} L \tau_e}{D_h - d_o} \tag{7-49}$$

式中：p_{sw} 为波动压力，kPa；ξ_1 为弹性系数；L 为钻柱长度，m；τ_e 为流体静切力，Pa；d_o 为运动管柱外径，m。

钻柱惯性力引发的井内波动压力为

$$p_{sw} = \xi_2 \frac{d_o^2 L \rho_m a_z}{D_h^2 - D_o^2} \tag{7-50}$$

式中：ξ_2 为弹性系数，无因次；a_z 为流体沿轴向加速度，m/s²。

泥浆粘滞性引发的波动压力为

$$p_{sw} = 196\xi_3 \frac{f_m \rho_m v_m^2 L}{(D_h - d_o)} \tag{7-51}$$

式中：ξ_3 为弹性系数，无因次；f_m 为两相混合摩阻系数，无因次。

宾汉流体的摩阻计算公式为

$$f_m = \frac{0.3164}{Re^{0.25}} \tag{7-52}$$

式中：Re 为流体雷诺数，无因次。

幂律流体的摩阻计算公式为

$$f_m = \frac{(\lg n + 3.93)/50}{Re^{(1.75 - \lg n)/7}} \tag{7-53}$$

式中：n 为流性指数，无因次。

宾汉流体的雷诺数计算公式为

$$Re = \frac{12^{-n} (D_h - d_o)^n \rho_m v_m}{0.1 \cdot \eta \left(1 + \frac{10 \cdot \tau_o (D_h - d_o)}{8 \eta v_m}\right)} \tag{7-54}$$

式中：η 为塑性黏度，Pa·s；τ_o 为流体动切力，Pa。

幂律流体的雷诺数计算公式为

$$Re = \frac{12^{1-n} (D_h - d_o)^n \rho_m v_m^{2-n}}{10 \cdot K \left(\frac{3n+1}{4n}\right)^n} \tag{7-55}$$

式中：K 为稠度系数，pa·s^n。

流体的黏附系数可表示为

$$k = -\frac{[D_h^2 - d_o^2 - 2d_o^2 \ln(d_o/D_h)]}{2(D_h^2 - d_o^2) \ln(d_o/D_h)} \tag{7-56}$$

开口管关泵、开口管开泵及关口管关泵 3 种工况下的井筒平均流速均考虑黏附效应，关口管关泵的环空流速为

$$v_f = \left(\frac{d_o^2}{D_h^2 - d_o^2} + k\right) v_p \tag{7-57}$$

式中：v_p 为管柱运动的平均速度，m/s。

开口管关泵的环空流速为

$$v_f = \left(\frac{d_o^2 - d_i^2}{D_h^2 - d_o^2} + k\right)v_p - \frac{4Q_i}{\pi(D_h^2 - d_o^2)} \tag{7-58}$$

开(关)口管开泵的环空流速为

$$v_f = \left(\frac{d_o^2}{D_h^2 - d_o^2} + k\right)v_p + \frac{4Q_p}{\pi(D_h^2 - d_o^2)} \tag{7-59}$$

利用动量守恒方程，结合 PVT 方程，可计算出井筒气液两相的空隙率、气液两相的平均运动速度、气液两相的平均密度等水力参数，可变形为求解的初始化条件：

$$\frac{\mathrm{d}p}{\mathrm{d}z} = F(z, p)$$
$$p(z_0) = p_0 \tag{7-60}$$

设初始值为(z_0, p_0)，利用龙格库塔方法对式(7-60)迭代求解，迭代参数为：$k_1 = F(z_0, p_0)$；$k_2 = F\left(z_0 + \frac{h}{2}, p_0 + \frac{h}{2}k_1\right)$；$k_3 = F\left(z_0 + \frac{h}{2}, p_0 + \frac{h}{2}k_2\right)$；$k_4 = F(z_0 + h, p_0 + hk_3)$。

在 $i+1$ 结点处的压力可表示为

$$p_1 = p_0 + \Delta p = p_0 + \frac{h}{6}(k_1 + 2k_2 + 2k_3 + k_4) \tag{7-61}$$

式中：h 为步长，m。

图 7-23 及图 7-24 为关口管关泵及开口管关泵工况下，单相与气液两相流体对井底波动压力的影响。比较单相流体与井底气侵量为 1.2L/s 的气液两相波动压力，随着起下钻速度增大，液相相对于两相对井底的波动压力大幅增大，随着起下钻速度增大，偏差呈现增大趋势。开口管关泵同关口管关泵比较，开口管关泵引发的波动压力较关口管关泵减小。

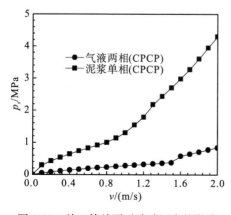

图 7-23 关口管关泵对波动压力的影响

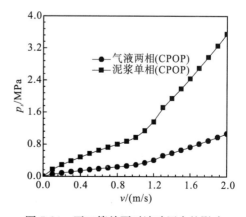

图 7-24 开口管关泵对波动压力的影响

图 7-25 所示为泥浆密度对井底波动压力的影响。随着泥浆密度增大，井底所受的波动压力增大。图 7-26 所示为泥浆密度对允许最大起下钻速度的影响。当泥浆密度增大时，最大允许起下钻速度均逐渐变小，随着泥浆密度增大，起下钻产生的波动压力使钻井安全窗口相应变小。

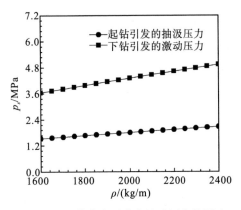

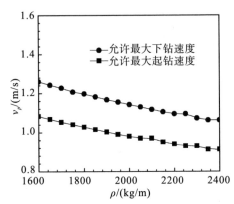

图 7-25　泥浆密度对井底波动压力的影响　　图 7-26　泥浆密度对最大允许起下钻速度的影响

图 7-27 为开口管关泵工况下，井深变化对波动压力影响。随着井深增大，井底所受的波动压力逐渐增大。图 7-28 所示为开口管关泵工况下，井深变化对允许最大起下钻速度的影响。当井深增大，允许最大起下钻速度均逐渐变小，井底所受波动压力逐渐增大，使钻井安全窗口相应变小，当井深在 800~2400m 变化时，最大允许起下钻速度变化率较明显。

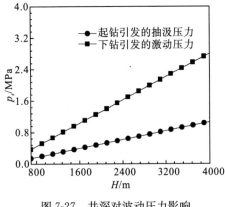

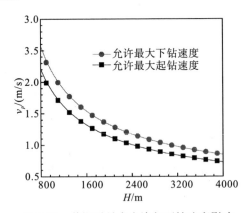

图 7-27　井深对波动压力影响　　图 7-28　井深对最大允许起下钻速度影响

7.5　本章小结

（1）当井底发生气侵时，关井产生的压力波速大幅降低，井底处所受的波动压力响应时间滞后。井筒多相流体的压缩性极大的耗散了波动压力的压能。沿井筒波动压力传输方向，多相波动压力大幅衰减，随气侵量增大，井筒所受的波动压力呈现减小趋势。由于井筒气体的出现导致了多相流体的压缩性大幅增大，更使压力从井口向井底传播的过程中压能急剧衰减。气侵发生不但降低了井底处的波动压力，更使井底处压力响应时间滞后。

(2)钻井液排量的减少对井筒多相波动压力的影响不显著。相反的，如果井底发生液相侵入，随钻井液排量增大，钻井液流速发生较大改变，使井筒中单相波动压力变化较明显。

(3)激动压力滞后时间主要取决于压力波速及压力传播有效距离。随压力波速减小，激动压力滞后时间呈增大趋势；随钻杆长度增大，减小了激动压力传播的有效距离，使激动压力滞后时间减小。下钻速度对激动压力影响较大，而对激动压力滞后时间影响甚微，激动压力滞后时间同下钻时间比较，呈现较好跟随性。

(4)窄密度窗口钻井中，在单相钻井液中快速下钻极易引发井漏，发生钻井事故；在气液两相中，可适当提高下钻速度，使井底激动压力适当增大，可以抑制气侵发生，提高下钻速度必须建立在精确计算气液两相激动压力的基础上。

第8章 钻井嘴口压力突变、分流及压力损耗

8.1 多相嘴口压力突变问题

8.1.1 定水头孔口泄流

储液罐壁或底打开的小孔称为孔口，若在孔口处接出短管就成为管嘴。两者区别仅在于孔口只有局部阻力，而管嘴则除了局部阻力还有沿程阻力[92—96]。

定水头薄壁圆形小孔口泄流的分析，是孔口泄流的基础。液流与孔口周围只有线接触，称为薄壁孔口。一般规定孔径 d 小于水头 H 的 1/10，称为小孔口。其实，自孔口出流的速度可视为均匀的。由于流线不能转折，故液流射出时，将先向内部收缩形成缩断面(约在距出口 $d/2$ 处)，其处 d_c 小于 d，其断面大小比值为

$$\frac{A_c}{A} = \left(\frac{d_c}{d}\right)^2 = \varepsilon \tag{8-1}$$

式中：ε 为收缩系数。

在收缩断面处符合缓变流动条件，取液面及收缩断面列能量方程，可得

$$H + \frac{p_0}{\gamma} + \frac{v_0^2}{2g} = \frac{p_a}{\gamma} + \frac{v_c^2}{2g} + \zeta_孔 \frac{v_c^2}{2g} \tag{8-2}$$

或者

$$H_0 = H + \frac{p_0 - p_a}{\gamma} + \frac{v_c^2}{2g} = (1 + \zeta_孔) \frac{v_c^2}{2g} \tag{8-3}$$

显然，这就短管泄流公式，$\zeta_孔$ 称为孔口阻力系数，并且：

$$v_c = \frac{1}{\sqrt{1 + \zeta_孔}} \sqrt{2gH_0} \tag{8-4}$$

令 $\varphi = \dfrac{1}{\sqrt{1 + \zeta_孔}}$，称为流速系数，则

$$v_c = \varphi \sqrt{2gH_0} \tag{8-5}$$

流量

$$Q = v_c A_c = \varepsilon A \varphi \sqrt{2gH_0} = \mu A \sqrt{2gH_0} \tag{8-6}$$

式中：$\mu = \varepsilon\varphi$，称为流量系数。这也是短管泄流的计算公式。只不过此时 ε 仅为

$\varepsilon_孔$ 而已。

经验表明，对圆形薄壁小孔口，这些系数都接近常数，即 $\varepsilon_孔 \approx 0.06$，$\varphi = \dfrac{1}{\sqrt{1+0.06}} \approx 0.62 \sim 0.64$，而 $\mu \approx 0.60 \sim 0.62$。对理想流体，则 $\varepsilon_孔 = 0$，$\varphi = 1$，$\varepsilon = 1$，$\mu = 1$，而 $Q = A\sqrt{2gH_0}$，$v = \sqrt{2gH_0}$。故 μ 的物理意义为实际流量与理想流量之比，φ 为实际流速与理想流速之比。

8.1.2　管嘴泄流

自孔口接出于孔径 d 相同而长度 $l = (3\sim4)d$ 的短管，称为标准圆管嘴。其特点是液流在管嘴内收缩，再扩大封住出口均匀地泄出而不再收缩。此时，液流通过管嘴的阻力包括收缩阻力（即孔口阻力）、扩大阻力及出口微小段沿程阻力。综合阻力系数

$$\zeta_c = \zeta_孔\left(\frac{d}{d_c}\right)^4 + \zeta_{扩大} + \lambda\frac{l}{d} \tag{8-7}$$

正如短管那样，各阻力系数都应换算为以出口流速水头表示时的阻力系数，则

$$\zeta_孔 = 0.06\times\left(\frac{d}{d_c}\right)^4 = 0.06\times\left(\frac{A}{A_c}\right)^2 = 0.06\times\left(\frac{1}{\varepsilon}-1\right)^2 = \left(\frac{1}{0.64}-1\right)^2 \approx 0.32 \tag{8-8}$$

如果取 $l = 0.02$，$l = 3d$，则

$$\lambda\frac{l}{d} = 0.02\times3 = 0.06 \tag{8-9}$$

有

$$\zeta_c = 0.15 + 0.32 + 0.06 = 0.53 \tag{8-10}$$

此数值正相当于自容器接出管路时的进口阻力系数。由于对管嘴出口来说，$\varepsilon = 1$，$\mu = \varphi$，可得

$$\varphi = \frac{1}{\sqrt{1+\zeta_c}} = \frac{1}{\sqrt{1+0.53}} = 0.81 \tag{8-11}$$

实验证明，$\varphi = 0.82$。故对标准外圆柱管嘴，$\mu = \varphi = 0.82$。而流量 $Q = \mu A\sqrt{2gH}$，流量 $v = \varphi\sqrt{2gH}$。与同直径薄壁小孔口比较，其流量增大了约 1/3。这是由于所取出口断面不同，孔口取在收缩断面，其处压强为大气压，而管嘴出口在收缩断面滞后，由于液流带走一部分气体，形成负压，这就造成 1 断面和 c 断面间比孔口增大了一个压头表，当然流速和流量也就比孔口增大了。对计算此真空度的大小，可列为

$$H + \frac{p_s}{\gamma} + \frac{v_0^2}{2g} = \frac{p_c}{\gamma} + \frac{v_c^2}{2g} + \zeta_孔\frac{v_c^2}{2g} \tag{8-12}$$

令 $v_0 = 0$，得真空度为

$$h = \frac{p_a - p_c}{\gamma} = (1 + \zeta_{孔}) \frac{v_c^2}{2g} - H \tag{8-13}$$

又知

$$v_c = \frac{Q}{A_c} = \frac{\mu A \sqrt{2gH}}{Ac} = \frac{\mu}{\varepsilon} \sqrt{2gH} \tag{8-14}$$

故

$$\frac{v_c^2}{2g} = \left(\frac{\mu}{\varepsilon}\right)^2 H \tag{8-15}$$

整理可得

$$h = (1 + \zeta_{孔})\left(\frac{\mu}{\varepsilon}\right)^2 H - H = \left[(1 + 0.06)\left(\frac{0.82}{0.64}\right)^2 - 1\right]H$$

$$= (1.06 \times 1.64 - 1)H \approx 0.75H$$

表 8-1   孔口数据

类别	阻力系数 ζ	收缩系数 ε	流速系数 φ	流量系数 μ
薄壁孔口	0.06	0.64	0.97	0.62
外伸管嘴	0.5	1.0	0.82	0.82
收缩管嘴($\theta = 13°\sim14°$)	0.09	0.98	0.96	0.95
扩张管嘴($\theta = 5°\sim7°$)	4.0	1.0	0.45	0.45
流线型管嘴	0.04	1.0	0.98	0.98

内伸管嘴必须保证 $l > 3d$，收缩管嘴和扩张管嘴必须注意角度 θ 的限制范围，否则会降低效果。收缩管嘴适用于速度及动能大而流量小的情况，如水力采煤水枪、水枪机射水管。扩张管嘴抽吸能力大，适用于大流量小流速处，如喷射泵、水轮机尾水管。而流线型管嘴则加工困难，不会出现真空，无抽吸力，流量并不很大，应用不广。

8.2   压力损耗计算

8.2.1   层流流态下的压力损耗计算

1. 牛顿流体流态下压力损耗的计算公式

管内流压力损耗计算公式：

$$p_c = 4.155 \frac{\mu LQ}{D_{PI}^4} \tag{8-16}$$

环空流压力损耗计算公式：

$$p_c = 6.232 \frac{\mu L Q}{(D_h - D_{PO})^3 (D_h + D_{PO})} \tag{8-17}$$

2. 宾汉流体层流流态下压力损耗的计算公式

管内流压力损耗计算公式：

$$p_c = 4.155 \frac{\eta_x L Q}{D_{PI}^4} + 5.44 \times 10^{-4} \frac{\tau_0 L}{C_{PI}} \tag{8-18}$$

环空流压力损耗计算公式：

$$p_c = 6.232 \frac{\eta_s L Q}{(D_h - D_{PO})^3 (D_h + D_{PO})} + 6.12 \times 10^{-4} \frac{\tau_0 L}{D_h - D_{PO}} \tag{8-19}$$

3. 指数流体层流流态下压力损耗计算式

管内流压力损耗计算公式：

$$p_c = \left[\frac{2546(3n+1)Q}{n \cdot D_{PI}^3} \right]^n \cdot \frac{LK}{2540 D_{PI}} \tag{8-20}$$

环空流压力损耗计算公式：

$$p_c = \left[\frac{5903(2n+1)Q}{n(D_h - D_{PO})^2 (D_h + D_{PO})} \right]^n \cdot \frac{LK}{2540(D_h - D_{PO})} \tag{8-21}$$

4. 卡森流体层流流态下压力损耗计算式

管内流压力损耗计算公式：

$$p_c = 4.08 \times 10^{-4} \frac{L}{D_{PI}} \left[\left(\frac{32000 \eta_\infty Q}{\pi D_{PI}^3} - \frac{4c^2}{147} \right)^{1/2} + \frac{8c}{7} \right]^2 \tag{8-22}$$

环空流压力损耗计算公式：

$$p_c = 4.08 \times 10^{-4} \frac{L}{D_h - D_{PO}} \left[\left(\frac{48000 \eta_\infty Q}{\pi \cdot (D_h - D_{PO})^2 (D_h + D_{PO})} - \frac{3c^2}{50} \right)^{1/2} + \frac{6c}{5} \right]^2 \tag{8-23}$$

5. 赫谢尔－巴尔克利流体层流流态下压力损耗计算式

管内流压力损耗计算公式：

$$p_c = 4.08 \times 10^{-4} \frac{L}{D_{PI}} \left[k \left(\frac{6n + 2^n}{n} \right) \left(\frac{4000Q}{\pi D_{PI}^3} \right) + \tau_0 \left(\frac{3n+1}{2n+1} \right) \right] \tag{8-24}$$

环空流压力损耗计算公式：

$$p_c = 4.08 \times 10^{-4} \frac{L}{D_h - D_{PO}}$$
$$\left[k \left(\frac{8n + 4^n}{n} \right) \left(\frac{4000Q}{\pi (D_h - D_{PO})^2 (D_h + D_{PO})} \right)^n + \tau_0 \left(\frac{2n+1}{n+1} \right) \right] \tag{8-25}$$

6. 罗伯逊－斯蒂夫流体层流流态下压力损耗计算式

管内流压力损耗计算公式：

$$p_c = 4.08 \times 2^B \times 10^{-4} AL \left[\frac{3B+1}{BD_{PI}\frac{B+1}{B}} \left(\frac{4000Q}{\pi D_{PI}^2} + \frac{1}{6}CD_{PI} \right) \right]^B \quad (8\text{-}26)$$

环空流压力损耗计算公式：

$$p_c = 4.08 \times 10^{-4} \frac{AL}{D_h - D_{PO}}$$

$$\left\{ \frac{4(2B+1)}{B(D_h - D_{PO})} \left[\frac{4000Q}{\pi (D_h^2 - D_{PO}^2)} + \frac{1}{8}C(D_h - D_{PO}) \right] \right\}^B \quad (8\text{-}27)$$

8.2.2　紊流流态下压力损耗计算

紊流雷诺应力管内流的计算公式为

$$Re = \frac{3.2\rho D_{PI}v}{\eta_s} \quad (8\text{-}28)$$

紊流雷诺应力环空流的计算公式为

$$Re = \frac{3.2\rho(D_h - D_{PO})v}{\eta_s} \quad (8\text{-}29)$$

管内流的压降公式为

$$p_c = 0.0324 \frac{f\rho LQ^2}{D_{PI}^5} \quad (8\text{-}30)$$

环空流的压降公式为

$$p_c = 0.0324 \frac{f\rho LQ^2}{(D_h - D_{PO})^3(D_h + D_{PO})^2} \quad (8\text{-}31)$$

式中：ρ 为密度 kg/m^3；p_c 为压降，MPa；L 为管长，m；Q 为流量，L/s；D 为管径，cm；f 为摩擦阻力系数，无量纲；v 为流速，m/s。

8.2.3　钻头喷嘴压降

在钻井水力循环中，喷嘴压降占有总压降相当大份额，对喷嘴压降的准确计算对水力循环压降的计算尤为重要，这里喷嘴压降可以表示为

$$p_b = 8.27 \frac{\gamma Q^2}{C^2 d^4} \quad (8\text{-}32)$$

式中：p_b 为压降，MPa；γ 为钻井液重率，N/cm^3；Q 为排量，L/s，d 为喷嘴当量直径，cm；C 为流量系数，无量纲。

如喷嘴直径相等，则

$$d_e = \sqrt{i d_i^2} \tag{8-33}$$

其中 i 为喷嘴数目。

当 $i=3$ 时，$d_e=1.732 d_i$，如喷嘴直径不行等（即用组合喷嘴时），则

$$d_e = \sqrt{i_1 d_1^2 + i_2 d_2^2 + i_3 d_3^2} \tag{8-34}$$

式中：d_1，d_2，d_3 为不同尺寸的喷嘴直径；i_1，i_2，i_3 为各相应尺寸的喷嘴数目。

8.2.4　钻井井筒循环压耗

钻井压耗可以表示为

$$p_c = K_c \gamma Q^b \tag{8-35}$$

式中：K_c 为循环井筒的压力损失系数，又称循环压耗特性系数。K_c 与井筒结构因数有关，也与循环液液体流变特性有关，即在一定的井筒中 K_c 不是常数，精确确定 K_c 时应该按地面管汇、钻柱内部、环形空间分别考虑，即

$$K_c = K_s + K_d + K_a \tag{8-36}$$

式中：b 为循环压耗的流量指数，b 值与钻井液性能、流速、流态、流变特性等有关。b 的范围可自 1.5 左右到 2.0，一般情况下取 $b=1.86 \sim 2.00$。

工程上常近似为 $\gamma=1$，$b=2$，则有

$$p_c = K_c Q^2 \tag{8-37}$$

8.3　钻杆分流器分流特性

钻井中分流器分流的工作原理如图 8-1 所示。在钻进过程中，钻井液从泥浆泵泵入钻杆，流经分流器时，一部分钻井液进入环空，一部分继续沿钻杆向下流动，分流公式为

$$q = q_{\text{div}} + q_{\text{noz}} \tag{8-38}$$

式中：q 为泥浆泵流量，m^3/s；q_{div} 为分流器流向环空的流量，m^3/s；q_{noz} 为钻头流量，m^3/s。

由连续方程得

$$\rho A_1 v_1 = \rho A_2 v_2 \tag{8-39}$$

由动量方程得

$$p_1 - p_2 = \rho v_2 (v_2 - v_1) \tag{8-40}$$

由能量方程得

$$\frac{p_1}{\rho g} + \frac{v_1^2}{2g} = \frac{p_2}{\rho g} + \frac{v_2^2}{2g} + h_j \tag{8-41}$$

式中：ρ 为密度，kg/m^3；A_1 为 1 点截面积，m^2；v_1 为 1 点流速，m/s；A_2 为 2

点截面积，m²；v_2 为 2 点流速，m/s；p_1 为 1 点压降，Pa；p_2 为 2 点压降，Pa；g 为重力加速度，m/s²；h_j 为水头损失，m。

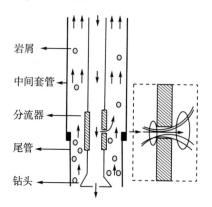

图 8-1　钻杆分流器的工作原理

由式(8-2)～式(8-4)可得单管的局部阻力损失方程，但利用单管的局部阻力损失方程不能求得分流器的开口直径。因此，笔者建立了分流器的串联局部压力差模型。钻井液到达分流器的分流口后，需经过先缩小后扩大的流动过程，其流动过程如图 8-2 所示。

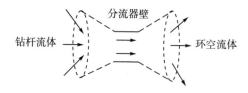

图 8-2　串联变径管路示意

将分流器的流动过程分解为两个不等径单管流动的串联组合，其数学模型为

$$\Delta p = p_{\text{pip}} - p_{\text{mid}} = \left(1 - \frac{A_{\text{pip}}}{A}\right)^2 \frac{v_{\text{pip}}^2}{2}\rho + \left(1 - \frac{A}{A_{\text{mid}}}\right)^2 \frac{v^2}{2}\rho \tag{8-42}$$

式中：Δp 为流体通过分流点的压力损失，Pa；p_{pip} 为环空内漏点深度处压强，Pa；p_{mid} 为环空内分流点压强，Pa；A_{pip} 为钻杆内流体的过流截面积，m²；A 为分流口截面积，m²；v_{pip} 为钻杆内流体速度，m/s；v 为流体通过分流口的速度，m/s；A_{mid} 为环空内流体的过流截面积，m²。

考虑分流点下部的水力循环系统，可得到钻杆内分流点压力与环空内压力差（即分流过程中压力损失）为

$$\Delta p = \Delta p_{\text{pip}} + \Delta p_{\text{noz}} + \Delta p_{\text{tai}} \tag{8-43}$$

式中：Δp_{pip} 为分流点以下钻柱内摩阻压降，Pa；Δp_{noz} 为喷嘴压降，Pa；Δp_{tai} 为分流点以下环空摩阻压降，Pa。

为计算分流点压力损失，必须首先确定钻井液的流变模式。钻井液的流变模

式主要有宾汉模式及幂律模式等，这里以幂律流体为例说明求解方法。幂律流体的雷诺数计算公式为

$$Re = \frac{10 \times 1200^{1-n}(D-d)^n v^{2-n} \rho_l}{K\left(\frac{2n+1}{3n}\right)^n} \tag{8-44}$$

式中：K 为稠度系数，$Pa \cdot s^n$；n 为流性指数，无量纲；D 为井眼直径，cm；d 为管柱内径，cm。

设 $Re_c = 3470 - 1370n$，当 $Re \leqslant Re_c$ 时为层流，摩阻系数为

$$f = 24/Re \tag{8-45}$$

当 $Re > Re_c$ 时为紊流，摩阻系数公式为

$$f = a/Re^b \tag{8-46}$$

式中：$a = (\lg n + 3.93)/50$，$b = (1.75 - \lg n)/7$。

流变参数 n 为

$$n = 3.22\lg\left(\frac{\phi_{600}}{\phi_{300}}\right) \tag{8-47}$$

式中：ϕ_{600} 为范式黏度计 600r/min 的读数；ϕ_{300} 为范式黏度计 300r/min 的读数。

摩阻压降公式为

$$\mathrm{d}p_f = \frac{0.196 f \rho_l v^2}{d_{\mathrm{eff}}} \mathrm{d}s \tag{8-48}$$

式中：p_f 为摩阻压降，Pa，d_{eff} 为流体流通的有效直径，m。

尾管根据下入井内目的不同，分采油尾管、技术尾管、保护尾管及回接尾管。采油尾管作为完井套管，代替生产套管用。技术尾管用来加深技术套管，采用悬挂的方式挂在油层以上一段距离。在大环空钻井中，在尾管以下流速相对大环空段流速大，为了使整个环空流速相等，需在尾管位置安装分流器，分流出的钻井液充填大环空，可保证环空流速相等，达到有效携岩的目的。

为保持尾管段的环空与中间套管段的环空流速相等，则环空内需增加的流量为

$$q_{\mathrm{div}} = (A_{\mathrm{mid}} - A_{\mathrm{tai}})\frac{q_{\mathrm{noz}}}{A_{\mathrm{tai}}} \tag{8-49}$$

式中：q_{div} 分流器分流量，m^3/s；A_{tai} 为尾管段环空面积，m^2。

将前面式子进行整理，可得尾管位置的分流器开口面积模型：

$$\Delta p_{\mathrm{pip}} + \Delta p_{\mathrm{noz}} + \Delta p_{\mathrm{tai}} = \left(1 - \frac{A_{\mathrm{pip}}}{A}\right)^2 \frac{(q_{\mathrm{div}}/A_{\mathrm{pip}})^2}{2}\rho$$
$$+ \left(1 - \frac{A}{A_{\mathrm{mid}}}\right)^2 \frac{(q_{\mathrm{div}}/A)^2}{2}\rho \tag{8-50}$$

可得

$$\left(a - b + \frac{1}{A_{\mathrm{mid}}^2}\right)A^2 + 2\left(bA_{\mathrm{pip}} + \frac{c}{A_{\mathrm{mid}}}\right)A - A_{\mathrm{pip}}^2 b - c = 0 \tag{8-51}$$

式中：$a = \Delta p_{pip} + \Delta p_{noz} + \Delta p_{tai}$，$b = (q_{div}/A_{pip})^2 \rho/2$，$c = q_{div}^2 \rho/2$。

　　式(8-51)是关于开口面积 A 的一元二次方程，可利用求根公式得到解析解。

　　岩屑从井底向井口运移过程中，井底初始速度为 0，此时向井口运移的加速度最大，随岩屑加速运动，岩屑受到的阻力增大，此时加速度逐渐减小，当加速度为 0 时，岩屑保持匀速运动。当环空流速减小时，部分岩屑做减速运动，如果不安装分流器，这部分岩屑将不能循环出环空，在恰当位置安装分流器可达到提高携岩的目的。

　　岩屑在钻井液中受到的阻力为

$$R = \xi \left(\frac{\mu}{vr\rho}\right)^n \rho v^2 f^2 = \xi \left(\frac{1}{Re}\right)^n \rho v^2 r^2 = \psi \rho v^2 r^2 \tag{8-52}$$

式中：R 为阻力，N；μ 为黏性系数；ξ 为拉伸系数；r 为岩屑直径，m。

　　当 $Re \leqslant 500$ 时：

$$\psi = 5\pi/(4\sqrt{Re}) \tag{8-53}$$

　　当 $Re > 500$ 时：

$$\psi = \pi/16 \tag{8-54}$$

　　在阻力与浮力平衡时($R = W$)有

$$\psi \rho v^2 r^2 = \pi r^3 g (\rho_s - \rho_l)/6 \tag{8-55}$$

式中：W 为浮力，N；ρ_s 为岩石密度，kg/m³；ρ_l 为钻井液密度，kg/m³；r 为岩屑直径，m。

　　当井底流体有能力携岩时，流速满足 $R_{tai} \leqslant W$，当中间套管有能力携岩时，流速满足 $R_{mid} \leqslant W$。

　　岩屑沉降末速度为

$$v_t = \sqrt{\frac{\pi d (\rho_s - \rho_l)}{6\psi \rho_l} g} \tag{8-56}$$

　　岩屑加速度为

$$a_{acc} = \frac{1}{6} \frac{\pi d^3 (\rho_s - \rho_l) g}{\pi d^3 \rho_s} = \frac{1}{6}\left(1 - \frac{\rho_l}{\rho_s}\right)g \tag{8-57}$$

式中：a_{acc} 为岩屑运动加速度，m/s²。

　　根据牛顿第二定律，可得分流器最佳携岩位置：

$$H = \frac{v_t^2}{2a_{acc}} \tag{8-58}$$

式中：H 为分流器安装位置，m。

　　使用 21.6 cm 钻头，17.8 cm 钻铤 80 m，12.7 cm 钻杆，此井的设计井深为 4150 m，钻井液平均密度为 1500 kg/m³，2 台 NB8-600 钻井液泵，范式黏度计 300r/min 读数为 60；范式黏度计 600r/min 读数为 100，流变参数为 0.737。采用的三喷嘴直径为 Φ12mm、Φ12mm 及 Φ13 mm。

图 8-3～图 8-5 中：D 为分流器开口直径，mm；D_{tai} 为尾管内径，mm；H 为分流器安装位置，m；Q 为钻头处的钻井液排量，L/s。图 8-3 示出了钻井中喷嘴排量对分流器开口直径的影响。随喷嘴排量的增大，分流器开口直径增大。喷嘴排量的增大，加大了尾管段环空与中间套管段环空压降，从而，分流器开口直径增大。图 8-4 示出了尾管段环空内径对分流器开口直径的影响。随尾管段环空内径增大，分流器开口直径减小。当中间段环空与尾管段环空的截面积差越大，分流器喷嘴直径越大。

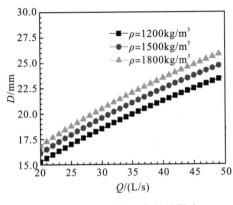

图 8-3　排量对开口直径的影响

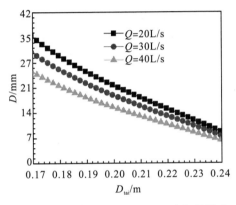

图 8-4　尾管段环空内径对开口直径的影响

图 8-5 示出了安装深度对分流器开口直径的影响。随安装深度增大，开口直径减小。考虑分流器安装点以下的循环系统，根据局部阻力公式，随安装位置靠近井底，钻杆与钻铤段的压力损失增大（包括：钻头、分流点以下的钻柱及环空内），开口直径增大。

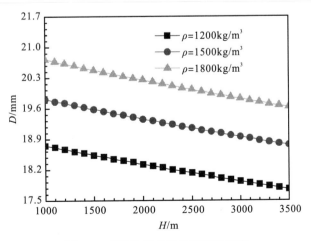

图 8-5　安装位置对开口直径的影响

8.4　本章小结

(1)在深井/超深井井身结构中，通常要悬挂尾管，并在尾管中继续钻井直到打开油层。钻井液排量的设计既要考虑尾管携岩的需要，又要满足上部大井筒携岩的需要。为了解决这一矛盾，本章提出了尾管悬挂器上部安装分流器的措施。

(2)分流器开口面积的主要决定因素是分流点的环空与钻柱压差及分流量，携岩的最佳位置主要受岩屑的阻力与浮力的影响。

(3)在钻井中，分流器的开孔方案可以选择单、双孔等，具体开孔方案应根据具体工况选择，开孔直径可根据本章建立的水力模型计算得到，以提高钻井过程中的水力携岩能力。

第9章 某深井井口压力控制设备及钻井设计

钻井井筒中波动压力的计算离不开井身结构，波动压力的控制要根据井口设备进行，因此本章附加了某深井井身结构数据、钻具组合、井口压力装备等实例，以供以后读者参考使用。

9.1 井口压力控制装备

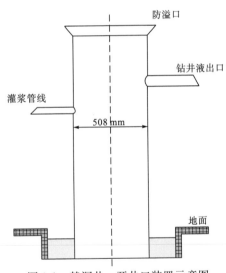

图 9-1 某深井一开井口装置示意图

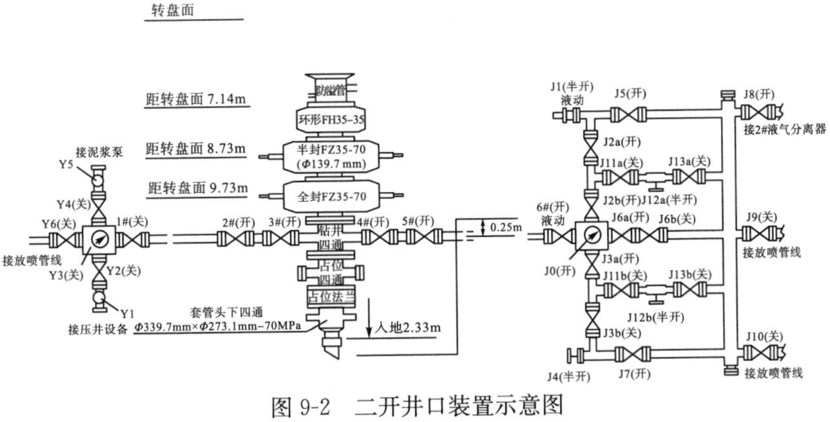

图 9-2 二开井口装置示意图

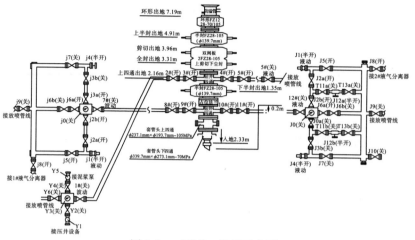

图 9-3　三开井口装置示意图

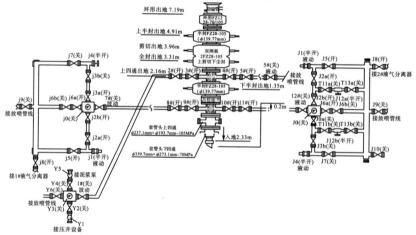

图 9-4　四开钻进井口装置示意图

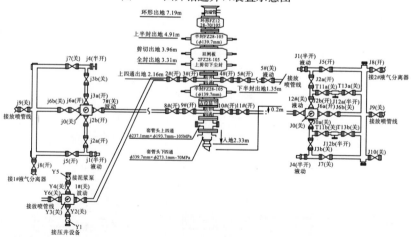

图 9-5　某深井五开钻进井口装置示意图

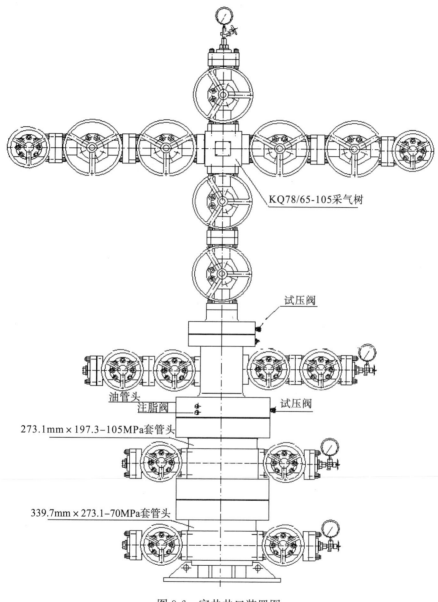

图 9-6　完井井口装置图

9.2　井口装置试压情况

各开井控装置安装好后，均由西南井控中心按设计试压，各开试压情况如下。

表 9-1　井口装置试压情况表

序号	试压项目	试压工具	试压介质	压力/MPa	试压情况	试压结果
二开	地面高压管汇及立管、水龙带	SPTS-II 试压泵	清水	35	稳压 10min	合格
	FH35-35 环型防喷器		清水	24.5	稳压 10min	合格
	2FZ35-70 闸板防喷器(2 个)		清水	70	稳压 10min	合格
	JG104-70 节流、YG104-70 压井管汇		清水	70	稳压 10min	合格
	泥气分离器		清水	1.6	稳压 10min	合格
	放喷管线		清水	10	稳压 10min	合格
	方钻杆及上、下旋塞		清水	70	稳压 10min	合格
	表层套管全井筒		清水	10	稳压 30min	合格
	地面高压管汇及立管、水龙带		清水	35	稳压 10min	合格
	防喷器控制装置		液压油	21	稳压 10min	合格
三开	FH28-70/105 环型防喷器	SPTS-II 试压泵	清水	49	稳压 10min	合格
	FZ28-105 单闸板防喷器(2 套)		清水	105	稳压 10min	合格
	2FZ28-105 双闸板防喷器		清水	105	稳压 10min	合格
	JG104-105 节流(2 套)、YG104-105 压井管汇		清水	105	稳压 10min	合格
	泥气分离器		清水	1.6	稳压 10min	合格
	节流管汇至分离器管汇(2 条)		清水	10	稳压 10min	合格
	放喷管线(4 条)		清水	10	稳压 10min	合格
	方钻杆及上、下旋塞		清水	105	稳压 10min	合格
	方钻杆、水龙头、水龙带		清水	35	稳压 10min	合格
	地面泵阀		清水	35	稳压 10min	合格
	防喷器控制装置		液压油	21	稳压 10min	合格
	技术套管全井筒	SPTS-II 试压泵	清水	10	稳压 30min	合格
	套管头主副密封		试压脂	25	稳压 10min	合格

序号	试压项目	试压工具	试压介质	压力/MPa	试压情况	试压结果
四开	FH28-70/105 环型防喷器	SPTS-II 试压泵	清水	49	稳压 10min	合格
	FZ28-105 单闸板防喷器（2套）		清水	105	稳压 10min	合格
	2FZ28-105 双闸板防喷器		清水	105	稳压 10min	合格
	JG104-105 节流（2套）、YG104-105 压井管汇		清水	105	稳压 10min	合格
	泥气分离器		清水	1.6	稳压 10min	合格
	节流管汇至分离器管汇（2条）		清水	10	稳压 10min	合格
	放喷管线（4条）		清水	10	稳压 10min	合格
	方钻杆及上、下旋塞		清水	105	稳压 10min	合格
	方钻杆、水龙头、水龙带		清水	35	稳压 10min	合格
	地面泵阀		清水	35	稳压 10min	合格
	技术套管全井筒		清水	9.3	稳压 30min	合格
	防喷器控制装置		液压油	21	稳压 10min	合格
五开	FH28-70/105 环型防喷器	SPTS-II 试压泵	清水	49	稳压 10min	合格
	FZ28-105 单闸板防喷器（2套）		清水	69.6	稳压 10min	合格
	2FZ28-105 双闸板防喷器		清水	69.6	稳压 10min	合格
	JG104-105 节流（2套）、YG104-105 压井管汇		清水	69.6	稳压 10min	合格
	泥气分离器		清水	1.6	稳压 10min	合格
	节流管汇至分离器管汇（2条）		清水	10	稳压 10min	合格
	放喷管线（4条）		清水	10	稳压 10min	合格
	方钻杆及上、下旋塞		清水	105	稳压 10min	合格
	方钻杆、水龙头、水龙带		清水	35	稳压 10min	合格
	地面泵阀		清水	35	稳压 10min	合格
	油层套管全井筒		清水	20	稳压 30min	合格
	防喷器控制装置		液压油	21	稳压 10min	合格

9.3 地层破裂压力试验

1. 二开地层破裂压力试验

钻进至井深 503m，做地层破裂压力试验，试验介质：密度为 1.15g/cm³ 的井浆；试验工具：钻井泵；试验压力：5.2 MPa；稳压 10min，地层未破，折算当量钻井液密度 2.20g/cm³。最大允许关井套压控制曲线如图 9-7 所示。

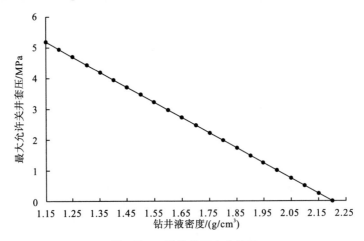

图 9-7　二开关井压力曲线图

2. 三开地层破裂压力试验

2012 年 11 月 23 日钻进至井深 3115m，做地层破裂压力试验，试验介质：密度为 1.95g/cm³ 的井浆；试验工具：钻井泵；试验压力：26MPa；稳压 10min，地层未破，折算当量钻井液密度 2.80g/cm³。最大允许关井套压控制曲线如图 9-8 所示。

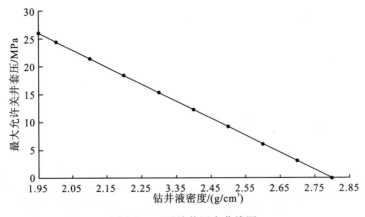

图 9-8　三开关井压力曲线图

3.　四开地层承压试验

2013 年 5 月 22 日钻进至井深 5315m，做地层破裂压力试验，试验介质：密度为 1.69g/cm³ 的井浆；试验工具：钻井泵；试验压力：32.2 MPa；稳压 10min；折算当量钻井液密度 2.31g/cm³。最大允许关井套压控制曲线如图 9-9 所示。

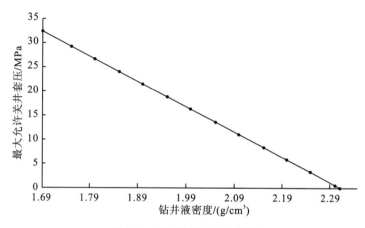

图 9-9　四开关井压力曲线图

表 9-2　地层破裂实验

地　　层	井深/m	套管鞋深/m	备　　注
Q_{ij}	503	499.03	未破，当量 2.2g/cm³
J_2x	3115	3110.144	未破，当量 2.8g/cm³
T_3x^2	5315	5302.19	未破，当量 2.31g/cm³
T_3m^1	6162	6160.90	未破，当量 1.80g/cm³

表 9-3　地层破裂压力测试记录

套管鞋井深：　499.03m　　人工井底井深：465.1m				
时间 h/min	泵入量/L	泵入总量/L	稳定压力/MPa	备　注
18：30	168	168	2.3	
18：45	21	189	3.5	
18：50	21	210	4.5	
18：55	21	231	5.2	

表 9-4　地层破裂压力测试记录

套管鞋井深：3110.144m	人工井底井深：3068.339m			
时间 h/min	泵入量/L	泵入总量/L	稳定压力/MPa	备　注
23：00	415	415	12	
23：15	518.75	933.75	15	当量承压密度为
23：30	311.25	1245	20	2.80g/cm³，地层
23：45	311.25	1556.25	26	未破

表 9-5　地层破裂压力测试记录

套管鞋井深：5302.19m	人工井底井深：5246.12m			
时间 h/min	泵入量/L	泵入总量/L	稳定压力/MPa	备　注
8：20	600	600	5.2	
8：21	150	750	8.9	
8：26	300	1050	15	
8：30	150	1200	19	当量承压密度为
8：35	150	1350	23	2.31g/cm³，地层
8：43	300	1650	28	未破
8：51	300	1950	30	
8：56	150	2100	32.2	

9.4　钻头与套管尺寸设计

套管尺寸的确定一般由内向外依次进行，首先确定生产套管尺寸，再确定下入生产套管的井眼的尺寸，然后确定中间套管的尺寸等，依次类推，直到表层套管的井眼尺寸，最后确定导管的尺寸。套管和井眼之间要有一定的间隙，间隙值最好为 19mm。

表 9-6　井身结构设计表

开钻程序	钻头程序		套管程序		备注
	井眼尺寸/mm	完钻深度/m	尺寸/mm	下入井段/m	
导管	Φ914.4	32	Φ720.0	0～30	根据需要设置
1	Φ660.4	702	Φ508.0	0～700	表套，封上部易漏层和水层
2	Φ444.5	3050	Φ346.1	0～3048	技套，封上沙底部地层
3	Φ314.1	4872	Φ273.1	0～4870	技套，封雷四气层以浅地层
4	Φ241.3	6640	Φ193.7	0～6638	油套，封长兴组顶界以浅地层
5	Φ165.1	7681	Φ127	6588～7681	衬管完井

　　按照系列化的套管和井眼尺寸的选择表，优先选择标准系列的钻头和套管尺寸，确定各层钻头和套管尺寸。针对储层酸化后、井壁失稳风险大、裸眼完井井壁垮塌对产能及后期修井采气的影响，推荐完井方式为衬管完井，衬管尺寸不低于 $\Phi127$mm，井眼尺寸不小于 $\Phi165.1$mm，据此由内向外、自下而上设计钻头和套管尺寸。套管程序为 $\Phi127$mm-$\Phi193.7$mm-$\Phi273.1$mm-$\Phi339.7$mm-$\Phi508$mm；钻头程序为 $\Phi165.1$mm-$\Phi241.3$mm-$\Phi311.2$mm-$\Phi444.5$mm-$\Phi660.4$mm。鉴于 $\Phi311.2$mm 井眼下入 $\Phi273.1$mm 环空间隙较小，将 $\Phi311.2$mm 钻头增大为 $\Phi314.1$mm，相应上层套管尺寸由 $\Phi339.7$mm 增大为 $\Phi346.1$mm。

9.5　钻具组合

表 9-7　钻具组合长度及尺寸

序号	钻进井段/m	钻具组合
1	0～33	$\Phi609.6$mm 钻头＋730＊730＋$\Phi241.3$mm 钻铤 3 根＋$\Phi731$＊630＋631＊410＋$\Phi139.7$mm 加重钻杆
2	33～500	$\Phi444.5$mm 钻头＋730＊730＋$\Phi241.3$mm 钻铤 3 根＋731＊630＋$\Phi203$mm 无磁钻铤 1 根＋$\Phi203$mm 钻铤 5 根＋631＊410＋$\Phi177.8$mm 钻铤 9 根＋411＊520＋$\Phi139.7$mm 加重钻杆 12 根＋$\Phi139.7$mm 钻杆
3	扫水泥塞	$\Phi316.5$mm 钻头＋630＊630 打捞杯＋$\Phi203$mm 无磁钻铤 1 根＋$\Phi203$mm 钻铤 5 根＋631＊410＋$\Phi177.8$mm 钻铤 9 根＋411＊520＋$\Phi139.7$mm 加重钻杆 12 根＋$\Phi139.7$mm 钻杆
4	500～1535.64	$\Phi316.5$mm 钻头＋630＊730＋$\Phi241.3$mm 钻铤 3 根＋回压阀＋731＊630＋$\Phi203$mm 无磁钻铤 1 根＋$\Phi203$mm 钻铤 5 根＋631＊410＋$\Phi177.8$mm 钻铤 9 根＋411＊520＋$\Phi139.7$mm 加重钻杆 12 根＋$\Phi139.7$mm 钻杆
5	1535.64～3111	$\Phi316.5$mm 钻头＋630＊730＋$\Phi241.3$mm 钻铤 3 根＋回压阀＋731＊630＋$\Phi203$mm 无磁钻铤 1 根＋$\Phi203$mm 钻铤 5 根＋631＊410＋$\Phi177.8$mm 钻铤 9 根＋411＊520＋$\Phi139.7$mm 加重钻杆 12 根＋$\Phi139.7$mm 钻杆
6	扫水泥塞	$\Phi241.3$mm 钻头＋630＊410 打捞杯＋$\Phi177.8$mm 无磁钻铤 1 根＋$\Phi177.8$mm 钻铤 23 根＋411＊520＋旁通阀＋$\Phi139.7$mm 钻杆
7	3441.18～3686.8	$\Phi241.3$mm 钻头＋630＊410＋回压阀＋$\Phi177.8$mm 无磁钻铤 1 根＋$\Phi177.8$mm 钻铤 17 根＋屈性长轴＋$\Phi178$mm 震击器＋411＊520＋旁通阀＋$\Phi139.7$mm 加重钻杆 12 根＋$\Phi139.7$mm 钻杆
8	3686.8～3694.33	$\Phi241.3$mm 钻头＋630＊410＋回压阀＋$\Phi177.8$mm 无磁钻铤 1 根＋$\Phi177.8$mm 钻铤 17 根＋屈性长轴＋$\Phi178$mm 震击器＋411＊520＋旁通阀＋$\Phi139.7$mm 加重钻杆 12 根＋$\Phi139.7$mm 钻杆
9	3694.33～3874.53	$\Phi241.3$mm 钻头＋630＊410＋回压阀＋$\Phi177.8$mm 无磁钻铤 1 根＋$\Phi177.8$mm 钻铤 17 根＋屈性长轴＋$\Phi178$mm 震击器＋411＊520＋旁通阀＋$\Phi139.7$mm 加重钻杆 12 根＋$\Phi139.7$mm 钻杆
10	3874.53～4316.94	$\Phi241.3$mm 钻头＋630＊410＋回压阀＋$\Phi177.8$mm 无磁钻铤 1 根＋$\Phi177.8$mm 钻铤 17 根＋屈性长轴＋$\Phi178$mm 震击器＋411＊520＋旁通阀＋$\Phi139.7$mm 加重钻杆 12 根＋$\Phi139.7$mm 钻杆

续表

序号	钻进井段/m	钻具组合
11	4316.94~4571.25	Φ241.3mm 钻头＋630＊410＋回压阀＋Φ177.8mm 无磁钻铤 1 根＋Φ177.8mm 钻铤 2 根＋Φ236mm 扶正器＋Φ177.8mm 钻铤 15 根＋屈性长轴＋Φ178mm 震击器＋411＊520＋旁通阀＋Φ139.7mm 加重钻杆 18 根＋Φ139.7mm 钻杆
12	4571.25~4970.5	Φ241.3mm 钻头＋630＊410＋回压阀＋Φ177.8mm 无磁钻铤 1 根＋Φ177.8mm 钻铤 2 根＋Φ236mm 扶正器＋Φ177.8mm 钻铤 15 根＋屈性长轴＋Φ178mm 震击器＋411＊520＋旁通阀＋Φ139.7mm 加重钻杆 18 根＋Φ139.7mm 钻杆
13	4970.5~5310	Φ241.3mm 钻头＋涡轮工具＋回压阀＋Φ177.8mm 无磁钻铤 1 根＋Φ177.8mm 钻铤 12 根＋屈性长轴＋Φ178mm 震击器＋411＊520＋旁通阀＋Φ139.7mm 加重钻杆 18 根＋Φ139.7mm 钻杆
14	5310~5376	Φ165.1mm 钻头＋Φ140mm 双母打捞杯＋Φ140mm 公母打捞杯＋Φ120mm 回压阀＋311＊310＋Φ127mm 无磁钻铤 1 根＋Φ120mm 钻铤 15 根＋Φ120mm 震击器＋Φ120mm 旁通阀＋311＊4A20＋Φ101.6mm 加重钻杆 30 根＋Φ101.6mm 斜坡钻杆＋4A21＊520＋Φ139.7mm 斜坡钻杆
15	5376~5385.03	Φ165.1mm 钻头＋Φ140mm 打捞杯＋Φ120mm 回压阀＋311＊310＋Φ120mm 钻铤 1 根＋Φ158mm 扶正器＋Φ120mm 钻铤 1 根＋Φ155mm 扶正器＋Φ120mm 钻铤 15 根＋Φ120mm 震击器＋Φ120mm 旁通阀＋311＊4A20＋Φ101.6mm 加重钻杆 30 根＋Φ101.6mm 斜坡钻杆＋4A21＊520＋Φ139.7mm 斜坡钻杆
16	5385.03~5753.58	Φ165.1mm 钻头＋Φ120mm 涡轮＋Φ120mm 板式浮阀＋Φ158mm 扶正器＋Φ140mm 打捞杯＋311＊310＋Φ120mm 钻铤 12 根＋Φ120mm 震击器＋Φ120mm 旁通阀＋311＊4A20＋Φ101.6mm 加重钻杆 30 根＋Φ101.6mm 斜坡钻杆＋4A21＊520＋Φ139.7mm 斜坡钻杆
17	5753.58~5772.22	Φ165.1mm 钻头＋Φ140mm 双母打捞杯＋Φ140mm 公母打捞杯＋Φ120mm 回压阀＋311＊310＋Φ127mm 无磁钻铤 1 根＋Φ158mm 扶正器＋Φ120mm 钻铤 14 根＋Φ120mm 震击器＋Φ120mm 旁通阀＋311＊4A20＋Φ101.6mm 加重钻杆 30 根＋Φ101.6mm 斜坡钻杆＋4A21＊520＋Φ139.7mm 斜坡钻杆
18	5772.22~5899.52	Φ165.1mm 钻头＋Φ120mm 涡轮＋Φ120mm 板式浮阀＋Φ158mm 扶正器＋Φ120mm 钻铤 12 根＋Φ120mm 震击器＋Φ120mm 旁通阀＋311＊4A20＋Φ101.6mm 加重钻杆 30 根＋Φ101.6mm 斜坡钻杆＋4A21＊520＋Φ139.7mm 斜坡钻杆
19	扫水泥塞 5063~5430	Φ165.1mm 钻头＋Φ120mm 双母＋Φ120mm 回压阀＋Φ120mm 钻铤 15 根＋Φ120mm 震击器＋Φ120mm 旁通阀＋311＊4A20＋Φ101.6mm 加重钻杆 30 根＋Φ101.6mm 斜坡钻杆＋4A21＊520＋Φ139.7mm 斜坡钻杆
20	5430~5495.77	Φ165.1mm 钻头＋Φ120mm1.5°螺杆＋Φ120mm 回压阀＋Φ128mm 无磁钻铤 1 根＋MWD 无磁短节＋Φ120mm 钻铤 6 根＋Φ120mm 震击器＋Φ120mm 旁通阀＋311＊4A20＋Φ101.6mm 加重钻杆 30 根＋Φ101.6mm 斜坡钻杆＋4A21＊520＋Φ139.7mm 斜坡钻杆
21	5495.77~5496.77	Φ165.1mm 钻头＋Φ120mm 双母＋Φ120mm 回压阀＋Φ120mm 钻铤 6 根＋Φ120mm 震击器＋Φ120mm 旁通阀＋311＊4A20＋Φ101.6mm 加重钻杆 30 根＋Φ101.6mm 斜坡钻杆＋4A21＊520＋Φ139.7mm 斜坡钻杆
22	5496.77~5520.49	Φ165.1mm 钻头＋Φ120mm 双母＋Φ120mm 回压阀＋Φ120mm 短钻铤＋Φ162mm 扶正器＋Φ128mm 无磁钻铤 1 根＋Φ121mmMWD 无磁短节＋Φ120mm 钻铤 6 根＋Φ120mm 震击器＋Φ120mm 旁通阀＋311＊4A20＋Φ101.6mm 加重钻杆 30 根＋Φ101.6mm 斜坡钻杆＋4A21＊520＋Φ139.7mm 斜坡钻杆

序号	钻进井段/m	钻具组合
23	5520.49~5548.12	Φ165.1mm 钻头＋Φ140mm 双母打捞杯＋Φ120mm 回压阀＋Φ120mm311＊310 接头＋Φ128mm 无磁钻铤 1 根＋Φ120mm 钻铤 15 根＋Φ120mm 旁通阀＋311＊4A20＋Φ101.6mm 加重钻杆 6 根＋Φ140mm4A21＊310 ＋Φ120mm 震击器＋Φ140mm4A20＊311＋Φ101.6mm 加重钻杆 24 根＋Φ101.6mm 斜坡钻杆＋4A21＊520＋Φ139.7mm 斜坡钻杆
24	5548.12~5570.77	Φ165.1mm 钻头＋Φ120mm 双母＋Φ120mm 回压阀＋Φ120mm311＊310 接头＋Φ128mm 无磁钻铤 1 根＋Φ120mm 钻铤 15 根＋Φ120mm 旁通阀＋311＊4A20＋Φ101.6mm 加重钻杆 6 根＋Φ140mm4A21＊310 ＋Φ120mm 震击器＋Φ140mm4A20＊311＋Φ101.6mm 加重钻杆 24 根＋Φ101.6mm 斜坡钻杆＋4A21＊520＋Φ139.7mm 斜坡钻杆
25	5570.77~5623.13	Φ165.1mm 钻头＋Φ120mm 双母＋Φ120mm 回压阀＋Φ120mm311＊310 接头＋Φ128mm 无磁钻铤 1 根＋Φ120mm 钻铤 12 根＋Φ120mm 旁通阀＋311＊4A20＋Φ101.6mm 加重钻杆 18 根＋Φ140mm4A21＊310 ＋Φ120mm 震击器＋Φ140mm4A20＊311＋Φ101.6mm 加重钻杆 36 根＋Φ101.6mm 斜坡钻杆＋4A21＊520＋Φ139.7mm 斜坡钻杆
26	5623.13~5752.88	Φ165.1mm 钻头＋Φ120mm 双母＋Φ120mm 回压阀＋Φ120mm 钻铤 3 根＋Φ120mm 旁通阀＋311＊4A20＋Φ101.6mm 加重钻杆 12 根＋Φ140mm4A21＊310 ＋Φ120mm 震击器＋Φ140mm4A20＊311＋Φ101.6mm 加重钻杆 36 根＋Φ101.6mm 斜坡钻杆＋4A21＊520＋Φ139.7mm 斜坡钻杆
27	5752.88~5776.08	Φ165.1mm 钻头＋Φ120mm 双母＋Φ120mm 回压阀＋Φ120mm 钻铤 3 根＋311＊4A20＋Φ101.6mm 加重钻杆 12 根＋Φ140mm4A21＊310 ＋Φ120mm 震击器＋Φ120mm 旁通阀＋Φ140mm4A20＊311＋Φ101.6mm 加重钻杆 36 根＋Φ101.6mm 斜坡钻杆＋4A21＊520＋Φ139.7mm 斜坡钻杆
28	5776.08~5793.96	Φ165.1mm 钻头＋Φ120mm 双母＋Φ120mm 回压阀＋Φ126mm311＊310＋Φ120mm 无磁钻铤 1 根＋Φ120mm 钻铤 3 根＋311＊4A20＋Φ101.6mm 加重钻杆 12 根＋Φ140mm4A21＊310 ＋Φ120mm 震击器＋Φ140mm4A20＊311＋Φ101.6mm 加重钻杆 3 根＋Φ120mm 旁通阀＋Φ101.6mm 加重钻杆 33 根＋Φ101.6mm 斜坡钻杆＋4A21＊520＋Φ139.7mm 斜坡钻杆
29	5793.96~5821.64	Φ165.1mm 钻头＋Φ120mm 双母回压阀 ＋Φ120mm 钻铤 3 根＋311＊4A20＋Φ101.6mm 加重钻杆 12 根＋Φ140mm4A21＊310 ＋Φ120mm 震击器＋Φ140mm4A20＊311＋Φ101.6mm 加重钻杆 3 根＋Φ120mm 旁通阀＋Φ101.6mm 加重钻杆 33 根＋Φ101.6mm 斜坡钻杆＋4A21＊520＋Φ139.7mm 斜坡钻杆
30	5821.64~5843	Φ165.1mm 钻头＋Φ120mm 双母回压阀 ＋Φ126mm311＊310＋Φ120mm 无磁钻铤 1 根 ＋Φ120mm 钻铤 3 根＋311＊4A20＋Φ101.6mm 加重钻杆 12 根 ＋Φ140mm4A21＊310 ＋Φ120mm 震击器＋Φ140mm4A20＊311＋Φ101.6mm 加重钻杆 3 根＋Φ120mm 旁通阀＋Φ101.6mm 加重钻杆 33 根＋Φ101.6mm 斜坡钻杆＋4A21＊520＋Φ139.7mm 斜坡钻杆
31	5843~5868	Φ165.1mm 钻头＋Φ120mm 双母回压阀＋Φ120mm 钻铤 3 根＋311＊4A20＋Φ101.6mm 加重钻杆 12 根＋Φ140mm4A21＊310 ＋Φ120mm 震击器＋Φ140mm4A20＊311＋Φ101.6mm 加重钻杆 3 根＋Φ120mm 旁通阀＋Φ101.6mm 加重钻杆 33 根＋Φ101.6mm 斜坡钻杆＋4A21＊520＋Φ139.7mm 斜坡钻杆
32	5868~6162	Φ165.1mm 钻头＋Φ120mm 双母回压阀＋311＊4A20＋Φ101.6mm 加重钻杆 15 根＋Φ140mm4A21＊310 ＋Φ120mm 震击器＋Φ140mm4A20＊311＋Φ101.6mm 加重钻杆 1 根＋Φ120mm 旁通阀＋Φ101.6mm 加重钻杆 32 根＋Φ101.6mm 斜坡钻杆＋4A21＊520＋Φ139.7mm 斜坡钻杆

序号	钻进井段/m	钻具组合
33	通井	Φ165.1mm 钻头＋Φ120mm 双母回压阀＋Φ120mm 钻铤 3 根＋Φ158mm 扶正器＋311＊4A20＋Φ101.6mm 加重钻杆 12 根＋Φ140mm4A21＊310＋Φ120mm 震击器＋Φ140mm4A20＊311＋Φ101.6mm 加重钻杆 1 根＋Φ120mm 旁通阀＋Φ101.6mm 加重钻杆 35 根＋Φ101.6mm 斜坡钻杆＋4A21＊520＋Φ139.7mm 斜坡钻杆
34	扫水泥塞	Φ114.3mm 磨鞋＋Φ89mm 双母回压阀＋Φ89mm 钻铤 15 根＋Φ105mm 旁通阀＋Φ73mm 斜坡钻杆＋211＊4A20＋Φ101.6mm 斜坡钻杆
35	6162～6175.10	Φ114.3mm 单牙轮钻头＋Φ89mm 双母回压阀＋Φ89mm 钻铤 9 根＋2A11＊210＋Φ73mm 斜坡钻杆 3 根＋Φ105mm 旁通阀＋Φ73mm 斜坡钻杆＋211＊4A20＋Φ101.6mm 斜坡钻杆
36	6175.10～6181.10	Φ112mm 金刚石取心钻头＋Φ89mm 取心筒＋Φ89mm 回压阀＋Φ89mm 钻铤 9 根＋2A11＊210＋Φ73mm 斜坡钻杆 1 根＋Φ105mm 旁通阀＋Φ73mm 斜坡钻杆＋211＊4A20＋Φ101.6mm 斜坡钻杆
37	6178.10～6204.01	Φ114.3mm 单牙轮钻头＋Φ89mm 双母回压阀＋Φ89mm 钻铤 9 根＋2A11＊210＋Φ73mm 斜坡钻杆 1 根＋Φ105mm 旁通阀＋Φ73mm 斜坡钻杆＋211＊4A20＋Φ101.6mm 斜坡钻杆
38	6204.01～6204.39	Φ112mm 金刚石取心钻头＋Φ89mm 取心筒＋Φ89mm 回压阀＋Φ89mm 钻铤 9 根＋2A11＊210＋Φ73mm 斜坡钻杆 1 根＋Φ105mm 旁通阀＋Φ73mm 斜坡钻杆＋211＊4A20＋Φ101.6mm 斜坡钻杆
39	6204.39～6303	Φ114.3mm 单牙轮钻头＋Φ89mm 双母回压阀＋Φ73mm 加重钻杆 12 根＋Φ105mm 旁通阀＋Φ73mm 加重钻杆 12 根＋Φ73mm 斜坡钻杆 1 根＋Φ73mm 斜坡钻杆＋211＊4A20＋Φ101.6mm 斜坡钻杆

9.6 减应力套管柱设计

为降低套管柱应力水平，可以应用特厚壁表层套管和厚壁技术尾管，以实现上大下小的复合套管柱和油管柱，同时采用套管回接技术以减少厚壁低钢级套管尾管重量和提高回接井段厚壁低钢级套管的腐蚀开裂抗力。

1. 套管材质选择

元坝气田长兴组气藏具有"超深、高温、高压、H_2S 和 CO_2 含量及分压高"的特点，H_2S 分压值为 $0.95\sim9.40MPa$，CO_2 分压值为 $1.30\sim10.95$。根据中石化企业标准《含硫化氢含二氧化碳气井油套管选用技术要求》（Q/SHS 0015—2010），按照下图选择套管材质。

为适当降低套管成本，根据腐蚀试验研究结果，油套管合金钢可选用 4c 类（BG2830、BG2235、BG2242、BG2532、SM2535、SM2242）镍基合金，其中 BG2830 抗腐性能最好（平均腐蚀速率是 $0.0112mm/a$），满足气藏的抗腐蚀要求。

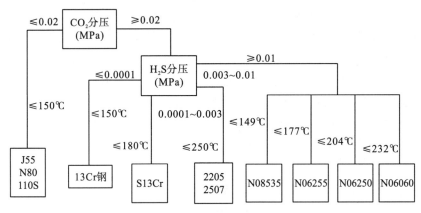

图 9-10　管材选用流程图

结合规范及高含硫气藏开发经验确定合金套管下入井段：油层套管选择 SS 抗硫套管，封隔器坐封位置以上 100m 斜深至产层段下入高镍基合金钢，对于固井完井的气井，建议浮箍以下采用 110SS 材质以降低成本。由于油层套管采用尾管＋回接固井，在施工水平段时，上层套管暴露在含硫环境中，因此三开技术套管需采用 SS 抗硫套管，一开和二开套管采用普通材质。

2. 减应力设计方法

1）应力水平概念

应力水平也可用无量纲数表示，即 VME(Von Mises equivalent)应力与钢材单向拉伸最小屈服强度(MYS)的百分比。在硫化氢、氯化物及二氧化碳环境中，降低应力水平是最重要的设计原则之一。应力水平应包括下述三类。

(1)结构 VME 应力，即当量复合应力，按 ISO10400 计算的油管或套管管体在拉压弯和内外压外载下的当量复合应力。

(2)局部 VME 应力，主要指应力集中，如油管连接螺纹和加厚消失点会产生较大应力水平或应力集中。

(3)拉伸残余应力，残余应力与制造方法有关。ISO15156 已规定了不同制造方法消除残余应力的要求。

降低结构的应力水平可提高酸性环境材料的抗开裂能力，或延长服役寿命。在低应力水平下，裂纹扩展速度降低或发生断裂的时间延长，材料可抗较高分压的硫化氢含量；在较高应力水平下，材料不发生环境断裂的硫化氢分压就会很低。在硫化氢环境中，如果构件有裂纹存在，即使外部应力低于材料的屈服强度，断裂也会发生。

2）减应力方法

根据 NACE MR 0175－88，ARP(Alberta recommended practices，Canada) 1.6 和 ARP2.3 标准及一些专家的研究，将应力水平和硫化氢含量与适用钢级分

为三个区间：轻微、一般和严重。三个期间的量值如下。

（1）轻微：硫化氢含量低于 0.5％ 和应力水平低于 50％，可选用低于 110kpi 的任何 API 管材。但是当硫化氢含量达到 10Mol.％ 时，应力水平应降至 30％。

（2）一般区：硫化氢含量达到 2.0％，采用 API 抗硫钢种，应力水平可达到 70％。硫化氢含量达到 20Mol.％ 时，应力水平应降至 60％。

（3）严重：硫化氢含量达到 5.0％，用 API 抗硫钢材，应力水平可达到 90％。硫化氢含量大于 20Mol.％，应力水平应降至 70％。应力水平大于 90％ 时，应视为不安全。

目前减轻套管应力主要有以下方法。

（1）套管先悬挂、再回接：在深井中一次性地下入套管柱，特别是油层套管，必然会遇到井口部分轴向拉力大，需要用高钢级套管。但在酸性环境，又不允许使用高钢级套管，而应采用较低屈服强度的钢种。采用套管回接技术，尾管部分用钻杆送入，下入回接套管就可减少一部分井段的重量，因此可用厚壁低钢级套管以提高应力腐蚀开裂抗力。三开套管下入深度约 5000m，四开套管下深约 6800m，均采用先悬挂后回接的方式，降低上部套管的应力。

（2）采用厚壁套管：三开井口段和尾管悬挂段采用特厚壁低钢级套管以提高硫化物开裂抗力，同时增强下步施工的井控能力；四开嘉陵江组五、四段含盐膏层段采用厚壁尾管。

3. 套管柱强度设计

1）Φ508mm 表层套管

Φ508mm 表层套管下深 700m，下开次采用空气钻井，基本不会钻遇气层，重点考虑抗外挤强度，按照地层水计算抗外挤强度 >7MPa，选择 J55 钢级×壁厚 16.13mm 套管，抗外挤强度 10.3MPa，干法固井时需分次灌水泥浆，或内部注清水，以保证抗挤强度。

2）二开 Φ346.1mm 技术套管

Φ346.1mm 技术套管一般下深 3100～3300m，三开可能钻遇自流井或须家河高压气层，需保证较高的抗内压强度。为保证通径 >314.1mm，壁厚需不能超过 13mm，为保证强度，选择 Q125 高钢级×壁厚 12.85mm 套管，抗内压 56MPa。

3）三开 Φ273.1mm 技术套管

Φ273.1mm 套管总重量大，采用先悬挂后回接方式以减轻应力程度。由于需要封隔自流井和须家河高压地层，要求具有较高的抗内压和抗外挤强度；四开 Φ193.7mm 油层尾管不回接，则 Φ273.1mm 技术套管要面临 H_2S 和 CO_2 的腐蚀考验，因此要求具有抗硫性能，材质选择 110TSS。在下部井段和井口段选择使用外加厚套管，以保证井控安全。

4)四开 Φ193.7mm 油层套管

Φ193.7mm 油层套管直接面临超高压和 H_2S、CO_2 腐蚀的考验，需满足超高压强度和酸性气体腐蚀安全，选择 110TSS 钢级，壁厚选择为 12.7mm。由于嘉陵江组五、四段含盐膏层，为避免盐膏层蠕变挤毁套管，在该段选用高抗挤外加厚套管。

5)套管扣型选择

对于高含硫高压气井，普通螺纹难以满足密封要求，根据《含硫化氢含二氧化碳气井油套管选用技术要求》（Q/SH 0015—2006），表层套管应用短圆扣型，技术套管、生产套管和油管应采用特殊金属气密封扣型。因此 Φ508mm 套管采用常规扣型，Φ346.1mm，Φ273.1mm、Φ193.7mm 套管均选用气密封扣。

6)套管强度计算

根据《套管柱结构与强度设计》（SY/T 5724—2008)第 6.5.1 条要求"套管柱强度安全系数：抗挤为 1.0～1.125，抗内压为 1.05～1.15。抗拉为 1.6～2.0"。依据《石油天然气安全规程》（AQ2012—2007）第 5.2.3.5.1 条规定，含硫天然气井各项设计安全系数取高限。利用 StressCheck 套管柱强度计算软件建立全井套管柱模型，通过计算确定合适的套管钢级和壁厚。

表 9-8　套管性能参数表

套管程序	外径/mm	通径/mm	钢级	壁厚/mm	推荐扣型	每米重量/(kg/m)	接箍外径/mm	抗拉强度/kN	抗挤强度/MPa	抗内压强度/MPa
表层套管	Φ508.0	Φ471.8	J55	16.13	常规	197.93	Φ533.4	8950	10.3	16.0
技术套管	Φ346.1	Φ315.5	Q125	12.85	气密	105.60	Φ371.5	10987	17.9	56.0
技术套管	Φ273.1	Φ241.4	110TSS	13.84	气密	90.33	Φ293.45	7709	44.6	64
	Φ282.6	Φ241.4	110TSS	17.32	气密	113.40	Φ282.6	6018	76.0	81.3
油层套管	Φ193.7	Φ165.1	110SS	12.70	气密	58.09	Φ215.9	5476	76.4	87.0
	Φ193.7	Φ165.1	110TSS	12.70	气密	58.09	Φ215.9	5476	84.0	87.0
	Φ193.7	Φ165.14C类-125		12.70	气密	58.09	Φ213.8	6223	83.2	98.9
	Φ206.4	Φ165.1	110TSS	19.05	气密	87.97	Φ206.4	4170	143.6	118.1

针对超高压采用全掏空计算各层套管抗挤、抗内压强度难以达到规范要求，在科学分析前提下，控制掏空深度校核抗外挤强度，考虑气体自重条件下气体在井口所形成的压力为最大关井压力校核抗内压强度，以尽量提高套管安全系数。

表 9-9 套管柱强度校核数据表

开次	外径/mm	套管下深/m		钢级	壁厚/mm	每米重量/(kg/m)	累重/t	安全系数			钻井液密度/(g/cm³)
								抗内压	抗挤	抗拉	
1	Φ508.0	0~700		J55	16.13	197.93	138.6	1.07	1.51	3.53	1.07
2	Φ346.1	0~3048		Q125	12.85	105.60	321.9	1.25	1.00	3.65	1.35
3	Φ282.6	回接	0~1000	110TSS	17.32	113.40	285.0	1.71	3.45	2.27	1.35
	Φ273.1		1000~2900	110TSS	13.84	90.33	171.6	1.00	1.01	4.31	
	Φ282.6	悬挂	2900~4870	110TSS	17.32	113.40	223.4	1.82	1.00	2.93	2.25
4	Φ193.7	回接	0~4720	110SS	12.70	58.09	274.2	1.3	1.3	1.98	1.27
	Φ193.7	悬挂	4720~5200	110TSS	12.70	58.09	124.9	2.68	1.05	3.97	2.25
	Φ206.4		5200~5650	110TSS	19.05	87.97	97.0	4.09	1.86	3.53	
	Φ193.7		5650~6200	110TSS	12.70	58.09	57.4	3.42	1.00	6.05	
	Φ193.7		6200~6638	4C类-125	12.70	58.09	25.4				

参 考 文 献

［1］周光垌，张有敬. 关于多相流［J］. 力学情报，1979，（1）：1-7.

［2］Duns Jr H，Ros N C J. Vertical flow of gas and liquid mixtures in wells［C］. 6th World Petroleum Congress，1963.

［3］Adrian R J. Multi-point optical measurements of simultaneous vectors in unsteady flow-a review［J］. International Journal of Heat and Fluid Flow，1980，7(2)：127-145.

［4］Youngs D L. Time-dependent multi-material flow with large fluid distortion［J］. Numerical methods for fluid dynamics，1982，24：273-285.

［5］Rommetveit R，Blyberg A. Simulation of gas kicks during oil well drilling［J］. Modeling，Identification and Control，1989，10(4)：213-225.

［6］Sylvester J，Uhlmann G. A global uniqueness theorem for an inverse boundary value problem［J］. Annals of Mathematics，1987，125(1)：153-169.

［7］Ahmed T H. Hydrocarbon Phase Behavior［M］. Gulf Pub Co，1989.

［8］Karan K，Heidemann R A，Behie L A. Sulfur solubility in sour gas：predictions with an equation of state model［J］. Industrial & engineering chemistry research，1998，37(5)：1679-1684.

［9］Tryggvason G，Bunner B，Esmaeeli A，et al. A front-tracking method for the computations of multiphase flow［J］. Journal of Computational Physics，2001，169(2)：708-759.

［10］Allan M. Vibrational structures in electron—CO_2 scattering below the $^2\Pi_u$ shape resonance［J］. Journal of Physics B：Atomic，Molecular and Optical Physics，2002，35(17)：L387-L395.

［11］Loncke L，Mascle J. Mud volcanoes，gas chimneys，pockmarks and mounds in the Nile deep-sea fan (Eastern Mediterranean)：geophysical evidences［J］. Marine and Petroleum Geology，2004，21 (6)：669-689.

［12］刘建仪，李颖川，杜志敏. 高气液比气井气液两相节流预测数学模型［J］. 天然气工业，2005，25 (8)：85-87.

［13］周英操，高德利，刘永贵. 欠平衡钻井环空多相流井底压力计算模型［J］. 石油学报，2005，26 (2)：96-99.

［14］刘修善. 钻井液脉冲沿井筒传输的多相流模拟技术［J］. 石油学报，2006，7(4)：115-118.

［15］Woldesemayat M A，Ghajar A J. Comparison of void fraction correlations for different flow patterns in horizontal and upward inclined pipes［J］. International Journal of Multiphase Flow，2007，33 (4)：347-370.

［16］孙宝江，王志远，公培斌. 深水井控的七组分多相流动模型［J］. 石油学报，2011，32(6)：1042-1049.

［17］任美鹏，李相方，徐大融. 钻井气液两相流体溢流与分布特征研究［J］. 工程热物理学报，2012，33 (12)：2120-2125.

［18］徐朝阳，孟英峰，魏纳. 气侵过程井筒压力演变规律实验和模型［J］. 石油学报，2015，36 (1)：120-126.

［19］Najmi K，McLaury B S，Shirazi S A，et al. Experimental study of low concentration sand transport in multiphase viscous horizontal pipes［C］. SPE Production and Operations Symposium，Society of Petroleum Engineers，2015.

［20］Carstensen E L, Foldy L L. Propagation of sound through a liquid containing bubbles[J]. The Journal of the Acoustical Society of America, 1947, 19(3)：481-501.

［21］Wallis G B. One-Dimensional Two-Phase Flow[M]. New York：McGraw-Hill, 1969, 143-149.

［22］Nguyen D L, Winter E R F, Greiner M. Sonic velocity in two-phase system[J]. International Journal of Multiphase Flow, 1981, 7(3)：311-320.

［23］Cheng L Y. An analysis of wave propagation in bubbly two component two-phase flow[J]. ASME J Heat Trans, 1985, 107：400-402.

［24］Ruggles A E, Lahey R T, Drew D A. An investigation of the propagation of pressure perturbations in bubbly air/water flows[J]. Journal of Heat Transfer, 1988, 110(2)：494-499.

［25］Levitsky S, Bergman R, Haddad J. Acoustic waves in thin-walled elastic tube with polymeric solution [J]. Ultrasonics, 2000, 38(1)：857-859.

［26］Aly M E. Effect of bulk-reacting liners on sound wave propagation in annular variable area ducts[J]. Applied Acoustics, 2000, 61(1)：27-35.

［27］Smereka P. A Vlasov equation for pressure wave propagation in bubbly fluids[J]. Journal of Fluid Mechanics, 2002, 454(7)：287-325.

［28］高宗英. 气、液两相介质中压力波传播速度的研究[J]. 工程热物理学报, 1984, (2)：200-205.

［29］韩文亮, 费祥俊, 任裕民. 关于浆体水击压力波波速的实验研究[J]. 水利学报, 1990, (11)：41-47.

［30］李相方, 管丛笑, 隋秀香, 等. 压力波气侵检测理论及应用[J]. 石油学报, 1997, 18(3)：128-133.

［31］刘磊, 王跃社, 周芳德. 气液两相流压力波传播速度研究[J]. 应用力学学报, 1999, (3)：22-27.

［32］白博峰, 郭烈锦, 陈学俊. 气液两相流压力波动特性[J]. 水动力学研究与进展（A 辑）, 2003, 18(4)：476-482.

［33］黄飞, 白博峰, 郭烈锦. 水平管内气液两相泡状流压力波数学模型及其数值模拟[J]. 自然科学进展, 2004, 14(1)：88-94.

［34］白博峰, 黄飞, 王先元. 气液两相流压力波色散特性实验研究[J]. 工程热物理学报, 2005, 26(3)：447-450.

［35］刘修善, 苏义脑. 泥浆脉冲信号的传输速度研究[J]. 石油钻探技术, 2000, 28(5)：24-26.

［36］洪文鹏, 刘燕, 周云龙. 管束间气液两相过渡流型及其压力波动特性[J]. 中国电机工程学报, 2011, 31(32)：94-99.

［37］Streeter B, Wylie E B. Hydraulic Transients[M]. New York：McGraw-Hill, 1967.

［38］Nakoryakov V E, Sobolev V V, Shrieber I R, et al. Water hammer and propagation of perturbations in elastic fluid-filled pipes[J]. Fluid Dynamics, 1976, 11(11)：493-498.

［39］Weyler M E, Streeter V L, Larsen P S. An investigation of the effect of cavitation bubbles on momentum loss in pipe flow[J]. Journal of Fluids Engineering, 1971, 93(1)：1-7.

［40］Watters G Z. Modern Analysis and Control of Unsteady Flow in Pipelines[M]. Ann Arbor Science, Publishers Inc. , 1979.

［41］Nikpour M R, Nazemi A H, Dalir A H, et al. Experimental and numerical simulation of water hammer[J]. Arabian Journal Forence&Engineering, 2014, 39(4)：2669-2675.

［42］Cannon G E. Changes inh vdrostatic pressure due to withdrawing drill pipe from the hole[J]. Drilling and Production Practice, 1934, 42-47.

［43］Burkhardt J A. Wellbore pressure surges produced by pipe movement[J]. Journal of Petroleum Technology, 1961, 13(6)：595-605.

[44] Fan H. Development ofapplicaition software for dyanmic surge pressure while tripping[J]. Petrol Drilling Tech，1995，23(4)：11-14.

[45] 钟兵，周开吉，郝俊芳，等. 井内瞬态波动压力分析[J]. 西南石油学院学报，1989，11(2)：33-41.

[46] 樊洪海，褚元林，刘希圣. 起下钻时井眼内动态波动压力的预测[J]. 石油大学学报(自然科学版)，1995，(5)：36-41.

[47] 汪海阁，刘希圣. 定向井同心环空中卡森流体稳态波动压力的研究[J]. 钻井液与完井液，1994，(6)：38-43.

[48] 管志川，宋洵成. 波动压力约束条件下套管与井眼之间环空间隙的研究[J]. 石油大学学报(自然科学版)，1999，(6)：33-35.

[49] 陶谦，夏宏南，彭美强，等. 高温高压油井套管下放波动压力研究[J]. 断块油气田，2006，13(4)：58-60.

[50] 孙玉学，李启明，孔翠龙. 基于卡森流体的水平井波动压力预测新方法[J]. 钻井液与完井液，2011，28(2)：29-31.

[51] Wang S J，Cao Q，Bo K. Fluctuating pressure calculation during the progress of trip in managed pressure drilling[J]. Advanced Materials Research，2012，468-471：1736-1742.

[52] Landet I S，Pavlov A，Aamo O M. Modeling and control of heave-induced pressure fluctuations in managed pressure drilling [J]. IEEE Transactions on Control Systems Technology，2013，21(4)：1340-1351.

[53] Tang M，Xiong J，He S. A new model for computing surge/swab pressure in horizontal wells and analysis of influencing factors [J]. Journal of Natural Gas Science and Engineering，2014，19(7)：337-343.

[54] 福克斯，祖泽. 管网中不稳定流动的水力分析[M]. 北京：石油工业出版社，1983.

[55] Thompson H A. Dual control valve for positive pressure artificial respiration apparatus：US，US4239039[P]. 1980..

[56] 陈玮瑞. 加油车管路系统水击现象的分析与克服[J]. 专用汽车，1983，(4)：47.

[57] 刘保华. 用质量波动方程和水击波方程相结合的方法求解水轮机和调压室的过渡过程[J]. 四川水力发电，1989，(1)：1-6.

[58] 宫敬，严大凡，张维东. 长输管道水击控制的数学模型——对大庆至铁岭输油管道的研究[J]. 管道技术与设备，1994，(2)：3-7.

[59] 宋生奎，宫敬，于达. 利用阀调节控制管道加油系统的水击压力[J]. 油气储运，2007，26(3)：39-43.

[60] 杨开林，李明. 适应水击控制的多喷孔套筒式调流阀研究[J]. 水利水电技术，2009，40(12)：43-46.

[61] 丁大雷，石英春. 管道水击控制[J]. 化工进展，2012，(S2)：70-72.

[62] 李立婉，高永强，万宇飞. 水击分析方法及保护措施[J]. 当代化工，2014，(7)：1367-1369.

[63] Irwin H，Cooper K R，Girard R. Correction of distortion effects caused by tubing systems in measurements of fluctuating pressures[J]. Journal of Wind Engineering and Industrial Aerodynamics，1979，5(1)：93-107.

[64] Kerr S L. Water hammer control[J]. Journal (American Water Works Association)，1951，43(12)：985-999.

[65] Jardine S I，Johnson A B，White D B，et al. Hard or soft shut-in：which is the best approach? [C]. SPE/IADC Drilling Conference，22-25 February，Amsterdam，Netherlands，1993.

[66] Beck S M，Haider H，Boucher R F. Transmission line modelling of simulated drill strings undergoing

water-hammer[J]. Proceedings of the Institution of Mechanical Engineers, Part C: Journal of Mechanical Engineering Science, 1995, 209(6): 419-427.

[67] 郝俊芳. 处理天然气溢流时如何控制关井套压[J]. 西南石油学院学报, 1982, (1): 45-48.

[68] 唐林, 吴华. 基于幂律流体的许用起下钻速度[J]. 西南石油学院学报, 1995, (3): 71-75.

[69] 李荣. 溢流关井的水击及其控制研究[D]. 南充: 西南石油学院, 2005.

[70] 骆发前, 何世明, 黄桢, 等. 溢流关井时的水击压力及其影响因素[J]. 钻采工艺, 2006, 29(3): 1-3.

[71] 李流军, 刘绘新, 李峰, 等. 敏感性井漏失返条件下安全起下钻、电测保障技术研究[J]. 西部探矿工程, 2009, 21(6): 66-68.

[72] Carlsen L A, Nygaard G, Nikolaou M. Evaluation of control methods for drilling operations with unexpected gas influx[J]. Journal of Process Control, 2013, 23(3): 306-316.

[73] 李文飞, 谢欢, 姜兰其, 等. 钻井抽吸和激动压力安全系数分析[J]. 安全、健康和环境, 2012, 12(8): 20-23.

[74] 任美鹏, 李相方, 马庆涛, 等. 起下钻过程中井喷压井液密度设计新方法[J]. 石油钻探技术, 2013, 41(1): 25-30.

[75] 魏强, 田洪霞, 李贻仓. 石油钻井发展的历史回顾与现状分析与建议[J]. 中国石油和化工标准与质量, 2012, 33(12): 227.

[76] 姜仁. 钻井工程[M], 东营: 中国石油大学出版社, 1987.

[77] 李颖川. 采油工程[M]. 北京: 石油工业出版社, 2009.

[78] 孔祥伟. 微流量地面自动控制系统关键技术研究[D]. 成都: 西南石油大学, 2014.

[79] 孔祥伟, 林元华, 邱伊婕. 控压钻井重力置换与溢流气侵判断准则分析[J]. 应用力学学报, 2015, (2): 317-322+358.

[80] 陈家琅, 陈涛平. 石油气液两相管流[M]. 北京: 石油工业出版社, 2010.

[81] 孔祥伟, 林元华, 邱伊婕, 等. 酸性气体在钻井液两相流动中的溶解度特性[J]. 天然气工业, 2014, 34(6): 97-101.

[82] 孔祥伟, 林元华, 邱伊婕, 等. 气侵钻井过程中井底衡压的节流阀开度控制研究[J]. 应用数学和力学, 2014, 35(5): 572-580.

[83] 孙振纯, 夏月泉, 徐明辉. 井控技术[M]. 北京: 石油工业出版社, 2009.

[84] 孔祥伟, 林元华, 何龙, 等. 一种考虑虚拟质量力的两相压力波速经验模型[J]. 力学季刊, 2015, (4): 611-617.

[85] 孔祥伟, 林元华, 邱伊婕. 控压钻井中三相流体压力波速传播特性[J]. 力学学报, 2014, 46(6): 887-895.

[86] 孔祥伟, 林元华, 邱伊婕, 等. 虚拟质量力对酸性气体－钻井液两相流波速的影响[J]. 计算力学学报, 2014, (5): 622-627.

[87] 邱伊婕, 敬加强, 孔祥伟, 等. 含水合物油包水管道输送体系压力波速研究[J]. 应用数学和力学, 2014, 35(10): 1151-1162.

[88] 孔祥伟, 林元华, 邱伊婕, 等. 钻井中节流阀动作引发的气液两相压力响应时间研究[J]. 钻采工艺, 2014, (5): 39-41+44+9.

[89] 史爽, 敬加强, 孔祥伟. 大跨越管道油气混输压力波速及响应特性研究[J]. 应用数学和力学, 2016, 37(3): 290-300.

[90] 孔祥伟, 林元华, 邱伊婕. 控压钻井中两步关阀阀芯所受瞬变压力研究[J]. 应用力学学报, 2014, (4): 601-605+11.

[91] 孔祥伟, 林元华, 邱伊婕. 微流量控压钻井中节流阀动作对环空压力的影响[J]. 石油钻探技术,

2014，（3）：22-26.

[92] 郝俊芳. 平衡钻井与井控[M]. 北京：石油工业出版社，1992.

[93] 颜延杰. 实用井控技术[M]. 北京：石油工业出版社，2010.

[94] 长城钻探井控培训中心，辽河油田井控培训中心. 钻井井控技术与设备[M]. 北京：石油工业出版社，2012.

[95] 李天太，等. 实用钻井水力学计算与应用[M]. 北京：石油工业出版社，2002.

[96] 孔祥伟，何龙，林元华，等. 钻柱中分流器的工作原理及水力分析[J]. 石油矿场机械，2015，（2）：1-5.

[97] 孔祥伟，林元华，邱伊婕. 下钻中气液两相激动压力滞后时间研究[J]. 应用力学学报，2014，（5）：710-714+829.

[98] 孔祥伟，林元华，邱伊婕，等. 钻井泥浆泵失控/重载引发的波动压力[J]. 石油学报，2015，36（1）：114-119.

[99] 陈平. 钻井与完井工程[M]. 北京：石油工业出版社，2006.

附录一 多相波动压力计算常用参数表

附1.1 双缸双作用钻井泵排量表

缸套尺寸/mm	排量/(L/冲)								
	冲程长度=203.2mm	冲程长度=254mm	冲程长度=304.8mm	冲程长度=355.6mm	冲程长度=381mm	冲程长度=406.4mm	冲程长度=457.2mm	冲程长度=508mm	冲程长度=558.8mm
101.6	5.406	6.995	8.426	9.857					
108.0	6.360	7.949	9.539	11.129					
114.3	6.995	8.903	10.652	12.401	13.355	13.832	14.309	15.740	
120.7	7.949	9.857	11.924	13.832	14.786	15.263	16.217	17.966	
127.0	8.744	10.970	13.196	15.263	16.376	17.489	18.284	21.940	
133.4	9.698	12.083	14.468	16.835	18.125	19.237	21.781	24.166	
139.7	10.652	13.196	15.740	18.284	19.237	20.191	22.576	26.551	
146.1	11.606	14.468	17.330	20.350	21.781	23.212	26.074	28.936	
152.4	12.560	15.740	18.920	22.099	23.212	24.325	27.346	31.480	
158.8	13.673	17.171	20.668	24.007	24.325	26.710	30.049	34.182	
165.1	14.786	18.443	22.417	26.074	26.710	28.936	32.751	32.249	
171.5	15.899	20.032	24.166	28.300	28.936	31.480	35.454	29.270	
177.8	17.171	21.463	26.074	30.526	31.480	34.023	38.316	42.450	
184.2	18.284	23.053	27.664	31.957	34.023	36.726	41.178	45.788	
190.5		24.643	29.572	34.500	36.726	39.429	44.358	49.286	54.374
196.9			31.639	36.885	39.429	42.132	47.537	52.625	58.030
203.2		28.300	33.705	39.270	41.973	44.834	50.399	56.441	65.662
209.6			35.772	41.814	44.676	47.696	53.738	59.620	69.796

注：效率=0.9。

附1.2　三缸单作用钻井泵排量表

缸套尺寸/mm	排量/(L/冲)								
	冲程长度=177.8mm	冲程长度=190.5mm	冲程长度=203.2mm	冲程长度=215.9mm	冲程长度=228.6mm	冲程长度=241.3mm	冲程长度=254.0mm	冲程长度=279.4mm	冲程长度=304.8mm
76.2	2.385	2.544	2.703	3.021	3.180	3.339	3.498	3.816	4.134
82.6	2.862	3.021	3.339	3.498	3.657	3.816	4.134	4.452	4.929
88.9	3.339	3.498	3.816	3.975	4.293	4.452	4.770	5.247	5.724
95.3	3.816	4.134	4.293	4.611	4.929	5.088	5.406	6.042	6.518
101.6	4.293	4.611	4.929	5.247	5.565	5.724	6.201	6.836	7.472
108.0	4.929	5.247	5.565	5.883	6.201	6.518	6.995	7.631	8.426
114.3	5.406	5.883	6.201	6.667	6.995	7.154	7.790	8.585	9.380
120.7	6.042	6.518	6.995	7.472	7.790	8.108	8.744	9.539	10.493
127.0	6.836	7.154	7.790	8.267	8.744	8.903	9.698	10.652	11.606
133.4	7.472	7.949	8.585	9.062	9.539	9.857	10.652	11.765	12.719
139.7	8.108	8.744	9.380	9.857	10.493	10.811	11.606	12.878	13.991
146.1	8.903	9.539	10.175	10.811	11.447	11.765	12.719	13.991	15.263
152.4	9.698	10.334	11.129	11.765	12.560	12.878	13.832	15.263	16.694
158.8	10.493	11.288	12.083	12.878	13.514	13.991	15.104	16.535	18.125
165.1	11.447	12.242	13.037	13.832	14.627	15.104	16.376	17.966	19.555
171.5	12.242	13.196	13.991	14.945	15.899	16.217	17.648	19.396	21.145
177.8	13.196	14.150	15.104	16.058	17.102	17.488	18.920	20.827	22.735

附1.3　API标准钻杆容积和排代体积表

通称尺寸/mm	重量/(kg/m)	外径/mm	内径/mm	容积/(L/m)	排代量/(L/m)
60.3*	7.143	60.3	50.8	2.029	0.871
60.3*	9.897	60.3	46.1	1.669	1.200
73.0*	9.599	73.0	62.7	3.088	1.215
73.0*	12.426	73.0	59.0	2.733	1.513
73.0*	15.477	73.0	54.6	2.342	2.071
88.9*	12.650	88.9	77.8	4.752	1.513

通称尺寸/mm	重量/(kg/m)	外径/mm	内径/mm	容积/(L/m)	排代量/(L/m)
88.9	16.668	88.9	73.7	4.262	1.982
88.9	19.793	88.9	70.2	3.870	2.624
88.9	23.067	88.9	66.1	3.432	3.062
101.6	20.835	101.6	84.8	5.654	2.608
114.3	18.975	114.3	101.6	8.106	2.436
114.3	20.463	114.3	100.5	7.939	2.864
114.3	20.704	114.3	97.2	7.417	3.380
114.3	29.764	114.3	92.5	6.713	4.048
127.0	29.020	127.0	108.6	9.264	3.912
139.7	32.592	139.7	121.4	11.569	4.016
139.7	36.759	139.7	118.6	11.053	4.538
141.3*	28.275	141.3	126.4	12.540	3.390
141.3*	33.038	141.3	123.4	11.966	3.964
141.3*	37.577	141.3	120.2	11.350	4.590
168.3*	33.038	168.3	154.1	18.637	3.912
168.3*	37.503	168.3	151.5	18.027	4.538
168.3*	47.474	168.3	146.3	16.817	5.738
193.7*	43.530	193.7	177.0	24.610	5.268
219.1*	59.528	219.1	198.8	31.026	7.303

＊表示为非 API 标准。

附 1.4　钻铤容积和排代体积表

外径/mm	内径/mm	容积/(L/m)	排代体积/(L/m)	外径/mm	内径/mm	容积/(L/m)	排代体积/(L/m)
79.4	31.8	788.000	4.152	120.7	57.2	2.561	8.867
88.9	38.1	1.137	5.065	127.0	57.2	2.561	10.098
95.3	38.1	1.137	5.983	133.4	57.2	2.561	11.397
101.6	50.8	2.024	6.077	139.7	57.2	2.561	12.759
104.8	50.8	2.024	6.593	146.1	57.2	2.561	14.183
108.0	50.8	2.024	7.125	152.4	57.2	2.561	15.675
114.3	57.2	2.561	7.694	158.7	57.2	2.561	17.224

续表

外径/mm	内径/mm	容积/(L/m)	排代体积/(L/m)	外径/mm	内径/mm	容积/(L/m)	排代体积/(L/m)
158.7	71.4	4.006	15.784	209.6	76.2	4.559	29.925
165.1	57.2	2.561	18.841	215.9	76.2	4.559	32.480
165.0	71.4	4.006	17.396	222.3	76.2	4.559	34.234
171.5	71.4	4.006	19.075	228.6	76.2	4.559	36.482
177.8	71.4	4.006	20.818	235.0	76.2	4.559	38.792
184.2	71.4	4.006	22.622	241.3	76.2	4.559	41.166
190.5	71.4	4.006	24.490	247.7	76.2	4.559	43.607
196.9	71.4	4.006	26.425	254.0	76.2	4.559	46.105
203.2	71.4	4.006	28.418	279.4	76.2	4.559	56.752
203.2	76.2	4.559	27.865	285.8	76.2	4.559	59.568

附1.5　套管容积表

外径/mm	重量/(kg/m)	内径/mm	容积/(L/m)	外径/mm	重量/(kg/m)	内径/mm	容积/(L/m)
114.3	9.50	103.9	8.502	168.3	25.30	155.8	19.091
114.3	17.26	101.6	8.085	168.3	29.76	153.6	18.517
114.3	20.09	99.6	7.772	168.3*	32.74	152.1	18.152
114.3	22.47	97.2	7.407	168.3	35.72	150.4	17.787
127.0	17.11	115.8	10.537	168.3*	38.69	148.7	17.370
127.0	19.35	114.1	10.224	168.3	41.67	147.1	17.005
127.0	22.32	112.0	9.859	168.3*	43.16	146.3	16.796
120.7	26.79	108.6	9.285	168.3	47.62	144.1	16.327
127.0*	31.25	105.5	8.763	177.8	25.30	166.1	21.647
139.7	19.35	128.1	12.884	177.8	29.76	164.0	21.125
139.7	20.83	127.3	12.727	177.8*	32.74	162.5	20.760
139.7*	22.32	126.3	12.519	177.8	34.23	162.0	20.552
139.7	23.07	125.7	12.414	177.8*	35.72	160.9	20.343
139.7	25.30	124.3	12.101	177.8	38.69	159.4	19.978
139.7	29.76	121.4	11.580	177.8*	41.67	157.8	19.561
139.7	34.23	118.6	11.058	177.8	43.16	157.1	19.352

续表

外径/mm	重量/(kg/m)	内径/mm	容积/(L/m)	外径/mm	重量/(kg/m)	内径/mm	容积/(L/m)
177.8*	44.65	156.3	19.195	273.1*	53.20	257.5	52.057
177.8	47.62	154.8	18.830	273.1	60.27	255.3	51.170
177.8*	50.60	153.4	18.465	273.1	67.71	252.7	50.179
177.8	52.09	152.5	18.256	273.1	75.90	250.2	49.188
177.8	56.55	150.4	17.735	273.1*	80.36	248.5	48.510
177.8*	59.53	148.2	17.265	273.1	82.60	247.9	48.249
193.7	29.76	181.0	25.716	273.1	90.33	245.4	47.258
193.7	35.72	178.4	24.985	273.1	97.77	242.8	46.319
193.7	39.29	177.0	24.620	298.5	56.55	283.2	63.011
193.7	44.20	174.6	23.942	298.5	62.50	281.5	62.229
193.7	50.15	171.8	23.212	298.5	69.95	279.4	61.290
193.7	58.04	168.3	22.221	298.5	80.36	276.4	59.990
219.1	35.72	205.7	33.227	298.5	89.29	273.6	58.790
219.1	41.67	203.6	32.548	339.7	71.43	323.0	81.946
219.1	41.62	201.2	31.766	339.7	81.11	320.4	80.642
219.1	53.58	198.8	31.036	339.7	90.78	317.9	79.338
219.1*	56.55	197.5	30.619	339.7	101.20	315.3	78.086
219.1	59.53	196.2	30.254	339.7	107.15	313.6	77.251
219.1*	63.99	194.3	29.680	339.7*	123.52	309.2	75.112
219.1	65.48	193.7	29.471	406.4	81.85	390.6	119.815
219.1	72.92	190.8	28.584	406.4	96.73	387.4	117.833
244.5	43.16	230.2	41.625	406.4*	104.17	386.0	117.050
244.5	48.07	228.6	41.051	406.4	111.62	384.1	115.903
244.5	53.58	226.5	40.321	406.4	125.01	381.3	114.181
244.5*	56.55	225.5	39.903	473.1*	116.08	453.5	161.544
244.5	59.52	224.4	39.538	473.1*	130.22	451.0	159.718
244.5	64.74	222.4	38.860	473.1*	143.61	448.4	157.945
244.5	69.95	220.5	38.182	508.0*	133.94	486.8	186.112
244.5	79.62	216.8	36.930	508.0	139.91	485.7	185.330
273.1	48.74	258.9	52.631				

* 表示为非 API 标准。

附1.6 井眼环空容积表

井眼尺寸/mm	井眼容积/(L/m)	88.9mm 钻杆	101.6mm 钻杆	114.3mm 钻杆	127mm 钻杆
120.7	11.423	5.216			
142.9	16.014	9.806			
149.2	17.474	11.267			
155.6	18.987	12.780			
158.8	19.769	13.562			
165.1	21.386	15.179	13.301		
168.3	22.221	16.014	14.136		
171.5	23.055	16.848	14.970		
174.6	23.942	17.735	15.857		
187.3	27.541		19.456	17.265	
193.7	29.419		21.334	19.195	
196.9	30.410		22.325	20.186	
200.0	31.401		23.316	21.125	
212.7	35.522		27.437	25.246	22.846
215.9	36.565		28.480	26.342	23.942
219.1	37.660			27.437	25.374
222.3	38.756			28.532	26.132
241.3	45.693			35.470	33.018
244.5	46.893			36.669	34.270
250.8	49.397			39.121	35.722
269.9	57.169			46.893	44.494
611.2	75.999			65.723	63.324
342.9	92.274			82.050	79.650
374.7	110.165			99.941	97.541
444.5	155.076			144.852	142.453
660.4	342.596			332.111	329.660

附录二 多相波动压力计算附表

附 2.1 钻杆段环空中波动压力分布

时间/s	波动压力/Mpa			时间/s	波动压力/Mpa		
	井深 $H=0$m	井深 $H=1200$m	井深 $H=2400$m		井深 $H=0$m	井深 $H=1200$m	井深 $H=2400$m
0	−1.5731	−0.0193	−0.0108	1.278	−1.5692	−1.1516	−0.5808
0.053	−1.573	−0.1038	−0.0096	1.331	−1.5688	−1.1726	−0.6079
0.106	−1.573	−0.1836	−0.0131	1.384	−1.5684	−1.1922	−0.634
0.16	−1.5729	−0.2588	−0.0209	1.437	−1.5679	−1.2105	−0.659
0.213	−1.5729	−0.3299	−0.0324	1.49	−1.5672	−1.2275	−0.683
0.266	−1.5728	−0.397	−0.0474	1.544	−1.5668	−1.2434	−0.7057
0.319	−1.5727	−0.4604	−0.0653	1.597	−1.5664	−1.2581	−0.7272
0.373	−1.5726	−0.5202	−0.0858	1.65	−1.566	−1.2716	−0.7475
0.426	−1.5724	−0.5767	−0.1085	1.703	−1.5655	−1.284	−0.7665
0.479	−1.5723	−0.63	−0.1332	1.757	−1.565	−1.2954	−0.7842
0.532	−1.5721	−0.6804	−0.1596	1.81	−1.5643	−1.3057	−0.8006
0.586	−1.572	−0.728	−0.1874	1.863	−1.5636	−1.315	−0.8157
0.639	−1.5719	−0.773	−0.2164	1.916	−1.5628	−1.3232	−0.8295
0.692	−1.5718	−0.8154	−0.2462	1.97	−1.5618	−1.3305	−0.842
0.745	−1.5717	−0.8555	−0.2768	2.023	−1.5609	−1.3368	−0.8532
0.798	−1.5715	−0.8934	−0.3079	2.076	−1.5602	−1.3422	−0.8632
0.852	−1.5713	−0.9293	−0.3392	2.129	−1.5594	−1.3467	−0.872
0.905	−1.571	−0.9631	−0.3707	2.182	−1.5585	−1.3503	−0.8795
0.958	−1.5708	−0.995	−0.402	2.236	−1.5575	−1.3531	−0.8858
1.011	−1.5705	−1.0251	−0.4332	2.289	−1.5564	−1.355	−0.891
1.065	−1.5703	−1.0535	−0.464	2.342	−1.5551	−1.3561	−0.8951
1.118	−1.5701	−1.0803	−0.4942	2.395	−1.5536	−1.3565	−0.898
1.171	−1.5698	−1.1056	−0.5238	2.449	−1.5518	−1.356	−0.8999
1.224	−1.5695	−1.1293	−0.5527	2.502	−1.5497	−1.3548	−0.9009

续表

时间/s	波动压力/Mpa			时间/s	波动压力/Mpa		
	井深 H=0m	井深 H=1200m	井深 H=2400m		井深 H=0m	井深 H=1200m	井深 H=2400m
2.555	−1.5485	−1.3529	−0.9008	4.259	−1.3623	−1.0548	−0.6287
2.608	−1.5471	−1.3503	−0.8998	4.312	−1.3465	−1.0409	−0.6176
2.662	−1.5456	−1.3471	−0.898	4.365	−1.3285	−1.0267	−0.6066
2.715	−1.5438	−1.3432	−0.8952	4.418	−1.3079	−1.0122	−0.5957
2.768	−1.5419	−1.3387	−0.8917	4.471	−1.2839	−0.9971	−0.5848
2.821	−1.5397	−1.3337	−0.8875	4.525	−1.254	−0.9814	−0.5739
2.874	−1.5372	−1.3281	−0.8825	4.578	−1.2153	−0.9648	−0.563
2.928	−1.5343	−1.322	−0.8769	4.631	−1.167	−0.9468	−0.552
2.981	−1.5309	−1.3153	−0.8706	4.684	−1.1051	−0.9271	−0.541
3.034	−1.528	−1.3081	−0.8638	4.738	−1.0227	−0.905	−0.5298
3.087	−1.5254	−1.3005	−0.8564	4.791	−0.9076	−0.8796	−0.5184
3.141	−1.5226	−1.2924	−0.8486	4.844	−0.7351	−0.8491	−0.5064
3.194	−1.5194	−1.284	−0.8402	4.897	−0.445	−0.8108	−0.4938
3.247	−1.5158	−1.2752	−0.8315	4.951	0.1656	−0.7586	−0.4801
3.3	−1.5118	−1.2661	−0.8224	5.004	0.18	−0.6755	−0.4647
3.354	−1.5072	−1.2566	−0.8129	5.057	0.1945	−0.5963	−0.4458
3.407	−1.5019	−1.2467	−0.8032	5.11	0.2092	−0.5207	−0.424
3.46	−1.4957	−1.2366	−0.7931	5.163	0.2238	−0.4487	−0.3995
3.513	−1.4893	−1.226	−0.7829	5.217	0.2386	−0.38	−0.3728
3.567	−1.4846	−1.2152	−0.7724	5.27	0.2533	−0.3144	−0.3442
3.62	−1.4794	−1.2041	−0.7618	5.323	0.2682	−0.2518	−0.3138
3.673	−1.4736	−1.1929	−0.751	5.376	0.283	−0.192	−0.2821
3.726	−1.4672	−1.1814	−0.74	5.43	0.2979	−0.1349	−0.2492
3.779	−1.4599	−1.1698	−0.729	5.483	0.3128	−0.0803	−0.2154
3.833	−1.4518	−1.158	−0.7179	5.536	0.3277	−0.0281	−0.1808
3.886	−1.4425	−1.1459	−0.7068	5.589	0.3425	0.0218	−0.1457
3.939	−1.4318	−1.1336	−0.6956	5.643	0.3574	0.0696	−0.1103
3.992	−1.4195	−1.121	−0.6845	5.696	0.3723	0.1152	−0.0748
4.046	−1.4098	−1.1081	−0.6733	5.749	0.3871	0.1589	−0.0392
4.099	−1.3998	−1.095	−0.6621	5.802	0.4019	0.2008	−0.0038
4.152	−1.3886	−1.0818	−0.6509	5.855	0.4166	0.2408	0.0312
4.205	−1.3762	−1.0684	−0.6398	5.909	0.4313	0.2791	0.0659

续表

时间/s	波动压力/Mpa			时间/s	波动压力/Mpa		
	井深 $H=0m$	井深 $H=1200m$	井深 $H=2400m$		井深 $H=0m$	井深 $H=1200m$	井深 $H=2400m$
5.962	0.4459	0.3158	0.1	7.665	0.8085	0.8521	0.6245
6.015	0.4605	0.3509	0.1334	7.719	0.8141	0.8534	0.6237
6.068	0.475	0.3845	0.1661	7.772	0.8192	0.8539	0.6222
6.122	0.4894	0.4166	0.1979	7.825	0.8238	0.8538	0.62
6.175	0.5036	0.4474	0.2288	7.878	0.828	0.853	0.6172
6.228	0.5178	0.4767	0.2586	7.931	0.8317	0.8515	0.6137
6.281	0.5319	0.5047	0.2875	7.985	0.8349	0.8494	0.6097
6.335	0.5458	0.5314	0.3152	8.038	0.8377	0.8467	0.6051
6.388	0.5595	0.5569	0.3418	8.091	0.8399	0.8434	0.6001
6.441	0.5731	0.5811	0.3672	8.144	0.8417	0.8396	0.5945
6.494	0.5865	0.6041	0.3913	8.198	0.843	0.8352	0.5885
6.547	0.5998	0.626	0.4143	8.251	0.8438	0.8302	0.5821
6.601	0.6128	0.6467	0.436	8.304	0.8442	0.8248	0.5754
6.654	0.6256	0.6663	0.4564	8.357	0.844	0.8189	0.5682
6.707	0.6382	0.6848	0.4756	8.411	0.8435	0.8126	0.5608
6.76	0.6505	0.7022	0.4935	8.464	0.8424	0.8058	0.553
6.814	0.6626	0.7186	0.5102	8.517	0.8409	0.7986	0.545
6.867	0.6744	0.734	0.5256	8.57	0.839	0.7909	0.5367
6.92	0.6858	0.7483	0.5398	8.623	0.8367	0.783	0.5283
6.973	0.697	0.7616	0.5528	8.677	0.8339	0.7746	0.5196
7.027	0.7079	0.7739	0.5646	8.73	0.8307	0.766	0.5107
7.08	0.7184	0.7853	0.5752	8.783	0.827	0.757	0.5017
7.133	0.7286	0.7957	0.5847	8.836	0.823	0.7477	0.4926
7.186	0.7384	0.8052	0.5931	8.89	0.8186	0.7382	0.4833
7.239	0.7479	0.8138	0.6005	8.943	0.8139	0.7284	0.4739
7.293	0.7569	0.8215	0.6068	8.996	0.8087	0.7184	0.4645
7.346	0.7656	0.8284	0.612	9.049	0.8032	0.7081	0.455
7.399	0.7738	0.8343	0.6163	9.103	0.7974	0.6977	0.4455
7.452	0.7816	0.8395	0.6197	9.156	0.7912	0.6871	0.4359
7.506	0.789	0.8438	0.6222	9.209	0.7847	0.6763	0.4263
7.559	0.7959	0.8473	0.6237	9.262	0.7779	0.6654	0.4168
7.612	0.8024	0.8501	0.6245	9.315	0.7708	0.6543	0.4072

续表

时间/s	波动压力/Mpa			时间/s	波动压力/Mpa		
	井深 H=0m	井深 H=1200m	井深 H=2400m		井深 H=0m	井深 H=1200m	井深 H=2400m
9.369	0.7635	0.6431	0.3976	11.072	0.4536	0.2953	0.1447
9.422	0.7558	0.6318	0.3881	11.125	0.4435	0.2862	0.139
9.475	0.748	0.6205	0.3787	11.179	0.4336	0.2773	0.1335
9.528	0.7398	0.609	0.3692	11.232	0.4237	0.2686	0.1281
9.582	0.7315	0.5975	0.3599	11.285	0.4139	0.26	0.1229
9.635	0.7229	0.586	0.3599	11.338	0.4042	0.2516	0.1178
9.688	0.7141	0.5744	0.3414	11.392	0.3945	0.2433	0.1128
9.741	0.7052	0.5629	0.3323	11.445	0.385	0.2352	0.108
9.795	0.6961	0.5513	0.3233	11.498	0.3756	0.2273	0.1032
9.848	0.6868	0.5397	0.3143	11.551	0.3662	0.2195	0.0987
9.901	0.6773	0.5282	0.3055	11.604	0.357	0.2119	0.0942
9.954	0.6677	0.5166	0.2968	11.658	0.3479	0.2045	0.0899
10.007	0.658	0.5051	0.2882	11.711	0.3389	0.1972	0.0857
10.061	0.6482	0.4937	0.2797	11.764	0.33	0.1901	0.0817
10.114	0.6382	0.4823	0.2714	11.817	0.3213	0.1832	0.0777
10.167	0.6282	0.471	0.2632	11.871	0.3126	0.1764	0.0739
10.22	0.6181	0.4597	0.2551	11.924	0.3041	0.1698	0.0702
10.274	0.6079	0.4486	0.2471	11.977	0.2957	0.1633	0.0667
10.327	0.5977	0.4375	0.2393	12.03	0.2875	0.157	0.0632
10.38	0.5874	0.4265	0.2316	12.084	0.2793	0.1509	0.0598
10.433	0.5771	0.4157	0.2241	12.137	0.2713	0.1449	0.0566
10.487	0.5668	0.4049	0.2166	12.19	0.2635	0.1391	0.0535
10.54	0.5564	0.3943	0.2094	12.243	0.2557	0.1334	0.0504
10.593	0.546	0.3838	0.2023	12.296	0.2481	0.1279	0.0475
10.646	0.5356	0.3734	0.1953	12.35	0.2406	0.1225	0.0447
10.7	0.5253	0.3631	0.1885	12.403	0.2333	0.1173	0.042
10.753	0.5149	0.353	0.1818	12.456	0.2261	0.1122	0.0394
10.806	0.5046	0.343	0.1752	12.509	0.219	0.1073	0.0368
10.859	0.4943	0.3332	0.1688	12.563	0.2121	0.1025	0.0344
10.912	0.484	0.3235	0.1626	12.616	0.2053	0.0979	0.0321
10.966	0.4738	0.3139	0.1565	12.669	0.1986	0.0934	0.0298
11.019	0.4637	0.3045	0.1505	12.722	0.1921	0.089	0.0276

时间/s	波动压力/Mpa			时间/s	波动压力/Mpa		
	井深 H=0m	井深 H=1200m	井深 H=2400m		井深 H=0m	井深 H=1200m	井深 H=2400m
12.776	0.1857	0.0847	0.0256	14.532	0.0412	0.0024	−0.0092
12.829	0.1794	0.0806	0.0236	14.585	0.0386	0.0012	−0.0095
12.882	0.1732	0.0766	0.0216	14.639	0.036	0	−0.0099
12.935	0.1672	0.0728	0.0198	14.692	0.0335	−0.0011	−0.0102
12.988	0.1614	0.069	0.018	14.745	0.0311	−0.0022	−0.0105
13.042	0.1556	0.0654	0.0163	14.798	0.0287	−0.0032	−0.0108
13.095	0.15	0.0619	0.0147	14.852	0.0264	−0.0042	−0.011
13.148	0.1445	0.0585	0.0132	14.905	0.0242	−0.0051	−0.0113
13.201	0.1391	0.0552	0.0117	14.958	0.0221	−0.006	−0.0115
13.255	0.1339	0.052	0.0103	15.011	0.02	−0.0069	−0.0117
13.308	0.1288	0.049	0.0089	15.064	0.018	−0.0077	−0.0119
13.361	0.1238	0.046	0.0076	15.118	0.016	−0.0085	−0.0121
13.414	0.1189	0.0432	0.0064	15.171	0.0141	−0.0092	−0.0123
13.468	0.1141	0.0404	0.0052	15.224	0.0123	−0.0099	−0.0124
13.521	0.1095	0.0377	0.0041	15.277	0.0106	−0.0106	−0.0126
13.574	0.1049	0.0352	0.003	15.331	0.0089	−0.0112	−0.0127
13.627	0.1005	0.0327	0.002	15.384	0.0072	−0.0119	−0.0128
13.68	0.0962	0.0303	0.001	15.437	0.0056	−0.0124	−0.0129
13.734	0.092	0.028	0.00001	15.49	0.0041	−0.013	−0.0131
13.787	0.088	0.0258	−0.0001	15.544	0.0026	−0.0136	−0.0131
13.84	0.084	0.0236	−0.0017	15.597	0.0011	−0.0141	−0.0132
13.893	0.0801	0.0216	−0.0024	15.65	−0.0012	−0.0146	−0.0133
13.947	0.0763	0.0196	−0.0032	15.703	−0.0016	−0.015	−0.0134
14	0.0727	0.0177	−0.0039	15.756	−0.0029	−0.0155	−0.0134
14.053	0.0691	0.0159	−0.0046	15.81	−0.0041	−0.0159	−0.0135
14.106	0.0657	0.0141	−0.0052	15.863	−0.0053	−0.0163	−0.0136
14.16	0.0623	0.0124	−0.0058	15.916	−0.0065	−0.0167	−0.0136
14.213	0.059	0.0108	−0.0064	15.969	−0.0076	−0.0171	−0.0137
14.266	0.0558	0.0093	−0.0069	16.023	−0.0087	−0.0174	−0.0137
14.319	0.0527	0.0078	−0.0074	16.076	−0.0098	−0.0177	−0.0137
14.372	0.0497	0.0063	−0.0079	16.129	−0.0108	−0.0181	−0.0138
14.426	0.0468	0.005	−0.0083	16.182	−0.0118	−0.0184	−0.0138
14.479	0.044	0.0036	−0.0088	16.236	−0.0127	−0.0186	−0.0138

附 2.2　泥浆泵失控与重载对波动压力的影响

t/s	波动压力/Mpa			t/s	波动压力/Mpa		
	$T_0=10\text{s}$ $T_1=30\text{s}$	$T_0=15\text{s}$ $T_1=17\text{s}$	$T_0=50\text{s}$ $T_1=60\text{s}$		$T_0=10\text{s}$ $T_1=30\text{s}$	$T_0=15\text{s}$ $T_1=17\text{s}$	$T_0=50\text{s}$ $T_1=60\text{s}$
0.187	18.77985	14.3285	10.02995	5.615	17.9335	14.3285	10.02995
0.374	18.36811	14.71278	10.29895	5.803	18.27661	14.71278	10.29895
0.562	16.42379	14.3468	10.04276	5.99	17.842	14.3468	10.04276
0.749	17.70475	14.62129	10.2349	6.177	18.45961	14.62129	10.2349
0.936	18.59685	14.5115	10.15805	6.364	18.20799	14.5115	10.15805
1.123	17.842	14.0357	9.82499	6.551	17.13289	14.0357	9.82499
1.31	18.45961	14.4017	10.08119	6.739	17.91062	14.4017	10.08119
1.497	18.20799	14.60299	10.22209	6.926	18.39098	14.60299	10.22209
1.685	17.13289	14.4017	10.08119	7.113	17.9335	14.4017	10.08119
1.872	17.91062	14.5481	10.18367	7.3	17.842	14.3285	10.02995
2.059	18.39098	14.4749	10.13243	7.487	18.45961	14.71278	10.29895
2.246	17.9335	14.2187	9.95309	7.674	18.20799	14.3468	10.04276
2.433	18.27661	14.41999	10.09399	7.862	17.13289	14.62129	10.2349
2.621	18.13937	14.52979	10.17085	8.049	17.91062	14.5115	10.15805
2.808	17.54463	14.4017	10.08119	8.236	17.842	14.0357	9.82499
2.995	17.842	14.3285	10.02995	8.423	18.45961	14.4017	10.08119
3.182	18.45961	14.71278	10.29895	8.61	18.20799	14.60299	10.22209
3.369	18.20799	14.3468	10.04276	8.798	17.13289	14.4017	10.08119
3.556	17.13289	14.62129	10.2349	8.985	17.91062	14.5481	10.18367
3.744	17.91062	14.5115	10.15805	9.172	18.39098	14.3285	10.02995
3.931	18.39098	14.0357	9.82499	9.359	17.9335	14.71278	10.29895
4.118	17.9335	14.4017	10.08119	9.546	18.27661	14.3468	10.04276
4.305	18.27661	14.60299	10.22209	9.733	18.13937	14.62129	10.2349
4.492	17.842	14.4017	10.08119	9.921	17.54463	14.5115	10.15805
4.68	18.45961	14.5481	10.18367	10.108	17.842	14.0357	9.82499
4.867	18.20799	14.4749	10.13243	10.295	4.576	14.4017	10.08119
5.054	17.13289	14.2187	9.95309	10.482	14.783	14.60299	10.22209
5.241	17.91062	14.41999	10.09399	10.669	11.496	14.4017	10.08119
5.428	18.39098	14.52979	10.17085	10.857	11.738	14.5481	10.18367

t/s	波动压力/Mpa			t/s	波动压力/Mpa		
	$T_0=10s$ $T_1=30s$	$T_0=15s$ $T_1=17s$	$T_0=50s$ $T_1=60s$		$T_0=10s$ $T_1=30s$	$T_0=15s$ $T_1=17s$	$T_0=50s$ $T_1=60s$
11.044	−2.598	14.4749	10.13243	17.034	0.5964	−1.552	10.17085
11.231	−5.018	14.2187	9.95309	17.221	0.1368	−4.132	10.02995
11.418	1.5828	14.41999	10.09399	17.408	0.5844	1.2352	10.29895
11.605	0.4824	14.52979	10.17085	17.595	0.5748	0.5016	10.04276
11.792	1.878	14.3285	10.02995	17.782	−0.8916	1.432	10.2349
11.98	2.7576	14.71278	10.29895	17.97	−0.1452	14.2736	10.15805
12.167	−1.9968	14.3468	10.04276	18.157	0.5964	21.88395	9.82499
12.354	−1.8648	14.62129	10.2349	18.344	0.1368	8.37693	10.08119
12.541	1.0128	14.5115	10.15805	18.531	0.5844	20.64606	10.22209
12.728	0.1392	14.0357	9.82499	18.718	0.5748	15.40817	10.08119
12.916	0.9276	14.4017	10.08119	18.905	−0.5916	11.24236	10.02995
13.103	1.476	14.60299	10.22209	19.093	−0.1452	13.98081	10.29895
13.29	−1.5792	14.4017	10.08119	19.28	0.4932	18.20687	10.04276
13.477	−1.284	14.3285	10.02995	19.467	0.1944	14.12721	10.2349
13.664	0.6432	14.71278	10.29895	19.654	0.4656	15.02388	10.15805
13.852	−0.066	14.3468	9.95309	19.841	0.4404	11.37693	9.82499
14.039	0.468	14.62129	10.09399	20.029	−0.2184	15.38395	10.08119
14.226	0.8088	14.5115	10.17085	20.216	0.0684	14.2553	10.22209
14.413	−1.2288	14.0357	10.08119	20.403	0.5964	15.64606	10.08119
14.6	−0.5844	14.4017	10.02995	20.59	0.1368	15.40817	10.18367
14.787	0.5964	14.60299	10.29895	20.777	0.5844	12.24236	10.02995
14.975	0.1368	14.4017	10.04276	20.964	0.5748	13.98081	10.29895
15.162	0.5844	14.5481	10.2349	21.152	−0.5916	15.20687	9.82499
15.349	0.5748	14.4749	10.15805	21.339	−0.1452	14.12721	10.08119
15.536	−0.5916	14.2187	9.82499	21.526	0.4932	15.02388	10.22209
15.723	−0.1452	14.41999	10.08119	21.713	0.1944	14.69449	10.08119
15.911	0.4932	14.52979	10.22209	21.9	0.4656	13.13903	10.18367
16.098	0.1944	14.4017	10.08119	22.088	0.5964	14.1638	10.13243
16.285	0.4656	8.3608	10.18367	22.275	0.1368	14.87748	9.95309
16.472	0.4404	11.5264	10.13243	22.462	0.5844	14.2736	10.09399
16.659	−0.2184	7.8968	9.95309	22.649	0.5748	14.76769	10.17085
16.846	0.0684	9.0904	10.09399	22.836	−0.5916	14.56639	10.02995

t/s	波动压力/Mpa			t/s	波动压力/Mpa		
	$T_0=10s$ $T_1=30s$	$T_0=15s$ $T_1=17s$	$T_0=50s$ $T_1=60s$		$T_0=10s$ $T_1=30s$	$T_0=15s$ $T_1=17s$	$T_0=50s$ $T_1=60s$
23.023	−0.1452	13.70631	10.29895	29.013	0.1368	14.41999	10.02995
23.211	0.4932	14.3285	10.04276	29.2	0.5844	14.52979	10.29895
23.398	0.1944	14.71278	10.2349	29.388	0.5844	14.4017	10.04276
23.585	0.4656	14.3468	10.02995	29.575	0.5748	14.41999	10.2349
23.772	0.4404	14.62129	10.29895	29.762	−0.5916	14.3285	10.08119
23.959	−0.2184	14.5115	10.04276	29.949	−0.1452	14.71278	10.18367
24.147	0.0684	14.0357	10.2349	30.136	17.842	14.3468	10.13243
24.334	0.396	14.4017	10.15805	30.324	29.59987	14.62129	9.95309
24.521	0.2124	14.60299	9.82499	30.511	22.11951	14.5115	10.18367
24.708	0.5848	14.4017	10.08119	30.698	9.56148	14.0357	10.13243
24.895	0.5964	14.5481	10.22209	30.885	15.02845	14.4017	9.95309
25.082	0.1368	14.4749	10.08119	31.072	21.27315	14.60299	10.08119
25.27	0.5844	14.2187	10.18367	31.259	17.77338	14.4017	9.82499
25.457	0.5748	14.41999	10.08119	31.447	20.76992	14.5481	10.08119
25.644	−0.5916	14.52979	10.22209	31.634	20.31243	14.4749	10.22209
25.831	−0.1452	14.4017	10.08119	31.821	13.26713	14.2187	10.08119
26.018	0.4932	14.49319	10.18367	32.008	16.72116	14.41999	10.02995
26.206	0.1944	14.4383	10.02995	32.195	19.85494	14.52979	10.29895
26.393	0.4656	14.3102	10.29895	32.383	17.81913	14.4017	10.04276
26.58	0.4404	14.41999	9.82499	32.57	19.55758	14.0357	10.2349
26.767	0.5964	14.3285	10.08119	32.757	19.26021	14.4017	10.15805
26.954	0.1368	14.71278	10.22209	32.944	15.30295	14.60299	9.82499
27.141	0.5844	14.3468	10.08119	33.131	17.47601	14.4017	10.08119
27.329	0.5748	14.62129	10.18367	33.318	19.00859	14.5481	10.22209
27.516	−0.5916	14.5115	10.13243	33.506	17.65901	14.4749	10.08119
27.703	−0.1452	14.0357	9.95309	33.693	18.77985	14.2187	10.18367
27.89	0.4932	14.4017	10.09399	33.88	18.36811	14.41999	10.02995
28.077	0.5964	14.60299	10.17085	34.067	16.42379	14.3285	10.29895
28.265	0.1368	14.4017	10.02995	34.254	17.70475	14.71278	9.82499
28.452	0.5844	14.5481	10.29895	34.442	18.59685	14.3468	10.08119
28.639	0.5964	14.4749	10.04276	34.629	17.842	14.62129	10.22209
28.826	0.5964	14.2187	10.2349	34.816	18.45961	14.5115	10.08119

续表

| t/s | 波动压力/Mpa | | | t/s | 波动压力/Mpa | | |
	$T_0=10s$ $T_1=30s$	$T_0=15s$ $T_1=17s$	$T_0=50s$ $T_1=60s$		$T_0=10s$ $T_1=30s$	$T_0=15s$ $T_1=17s$	$T_0=50s$ $T_1=60s$
35.003	18.20799	14.0357	10.18367	40.993	18.00212	14.41999	10.04276
35.19	17.13289	14.4017	10.13243	41.18	18.25374	14.52979	10.2349
35.377	17.91062	14.60299	9.95309	41.367	18.00212	14.4017	10.15805
35.565	18.39098	14.4017	10.09399	41.555	18.18512	14.0357	9.82499
35.752	17.9335	14.5481	10.17085	41.742	18.09362	14.4017	10.08119
35.939	18.27661	14.4749	10.02995	41.929	17.13289	14.60299	10.22209
36.126	18.13937	14.3285	10.29895	42.116	17.91062	14.4017	10.08119
36.313	17.54463	14.71278	10.04276	42.303	18.39098	14.5481	10.18367
36.501	18.00212	14.3468	9.82499	42.49	17.9335	14.4749	10.02995
36.688	18.25374	14.62129	10.08119	42.678	18.27661	14.2187	10.29895
36.875	18.00212	14.5115	10.22209	42.865	18.13937	14.41999	9.82499
37.062	18.18512	14.0357	10.08119	43.052	17.54463	14.3285	10.08119
37.249	18.09362	14.4017	10.02995	43.239	17.9335	14.71278	10.22209
37.437	17.13289	14.60299	10.29895	43.426	18.27661	14.3468	10.08119
37.624	17.91062	14.4017	10.04276	43.614	18.13937	14.62129	10.18367
37.811	18.39098	14.5481	10.2349	43.801	17.54463	14.5115	10.13243
37.998	17.9335	14.4749	10.15805	43.988	18.00212	14.0357	9.95309
38.185	18.27661	14.3285	9.82499	44.175	18.25374	14.4017	9.82499
38.372	18.13937	14.71278	10.08119	44.362	18.00212	14.60299	10.08119
38.56	17.54463	14.3468	10.22209	44.549	18.18512	14.4017	10.22209
38.747	17.13289	14.62129	10.08119	44.737	18.09362	14.5481	10.08119
38.934	17.91062	14.5115	10.18367	44.924	17.13289	14.4749	10.02995
39.121	18.39098	14.0357	10.02995	45.111	17.91062	14.3285	10.29895
39.308	17.9335	14.4017	10.29895	45.298	17.9335	14.71278	10.04276
39.496	18.27661	14.60299	9.82499	45.485	18.27661	14.3468	10.2349
39.683	17.13289	14.4017	10.08119	45.673	18.13937	14.62129	10.15805
39.87	17.91062	14.5481	9.82499	45.86	17.54463	14.5115	9.82499
40.057	18.39098	14.4749	10.08119	46.047	18.00212	14.0357	10.08119
40.244	17.9335	14.2187	10.22209	46.234	18.25374	14.4017	10.22209
40.431	18.27661	14.41999	10.08119	46.421	18.00212	14.4749	10.08119
40.619	18.13937	14.4749	10.02995	46.608	18.18512	14.2187	10.18367
40.806	17.54463	14.2187	10.29895	46.796	17.9335	14.41999	10.02995

续表

t/s	波动压力/Mpa			t/s	波动压力/Mpa		
	$T_0=10s$ $T_1=30s$	$T_0=15s$ $T_1=17s$	$T_0=50s$ $T_1=60s$		$T_0=10s$ $T_1=30s$	$T_0=15s$ $T_1=17s$	$T_0=50s$ $T_1=60s$
46.983	17.9335	14.52979	10.29895	52.973	17.54463	14.5481	0.95224
47.17	18.27661	14.4017	9.82499	53.16	18.00212	14.4749	0.78572
47.357	18.13937	14.0357	10.08119	53.347	18.25374	14.2187	−1.43035
47.544	17.54463	14.4017	10.22209	53.534	18.00212	14.41999	−0.21343
47.732	18.00212	14.60299	10.08119	53.721	18.18512	14.3285	0.64481
47.919	18.25374	14.4017	10.18367	53.909	18.09362	14.71278	−0.11095
48.106	18.00212	14.5481	10.13243	54.096	17.13289	14.3468	0.51672
48.293	18.18512	14.4749	9.95309	54.283	17.91062	14.62129	0.28614
48.48	18.09362	14.2187	10.09399	54.47	18.39098	14.5115	−0.80268
48.667	17.13289	14.41999	10.17085	54.657	17.9335	14.0357	−0.08534
48.855	17.91062	14.3285	10.02995	54.844	18.27661	14.4017	0.41424
49.042	18.39098	14.71278	10.29895	55.032	18.13937	14.60299	−0.00848
49.229	17.9335	14.3468	10.04276	55.219	17.54463	14.4017	0.33738
49.416	18.27661	14.62129	10.08119	55.406	17.13289	14.5481	0.19647
49.603	18.13937	14.5115	10.08119	55.593	17.91062	14.4749	−0.40558
49.791	17.54463	14.0357	10.18367	55.78	17.9335	14.3285	0.02995
49.978	17.13289	14.4017	10.13243	55.968	18.27661	14.4749	0.29895
50.165	17.91062	14.60299	0.13243	56.155	18.13937	14.2187	0.04276
50.352	18.39098	14.4017	−0.04691	56.342	17.54463	14.41999	0.2349
50.539	17.9335	14.5481	−0.00848	56.529	18.00212	14.52979	0.15805
50.726	18.27661	14.4749	5.31877	56.716	18.25374	14.4017	−0.17501
50.914	17.13289	14.3285	−3.13615	56.903	18.00212	14.0357	0.08119
51.101	17.91062	14.71278	0.95224	57.091	18.18512	14.4017	0.22209
51.288	18.39098	14.4749	0.78572	57.278	18.09362	14.60299	0.08119
51.475	18.39098	14.2187	−1.43035	57.465	17.13289	14.4017	0.18367
51.662	18.59685	14.41999	−0.21343	57.652	17.91062	14.5481	0.13243
51.85	17.842	14.52979	2.64481	57.839	18.39098	14.4749	−0.04691
52.037	18.45961	14.4017	−0.11095	58.027	17.9335	14.2187	0.09399
52.224	18.20799	14.0357	0.51672	58.214	17.9335	14.41999	0.17085
52.411	17.9335	14.4017	−2.03615	58.401	18.27661	14.3285	0.08119
52.598	18.27661	14.60299	0.76877	58.588	18.13937	14.71278	0.14523
52.785	18.13937	14.4017	−0.02129	58.775	17.54463	14.4749	0.10681

t/s	波动压力/Mpa			t/s	波动压力/Mpa		
	$T_0=10s$ $T_1=30s$	$T_0=15s$ $T_1=17s$	$T_0=50s$ $T_1=60s$		$T_0=10s$ $T_1=30s$	$T_0=15s$ $T_1=17s$	$T_0=50s$ $T_1=60s$
58. 962	18. 00212	14. 2187	0. 01714	64. 952	17. 54463	14. 41999	10. 29895
59. 15	18. 25374	14. 41999	0. 09399	65. 14	18. 00212	14. 52979	10. 04276
59. 337	18. 00212	14. 52979	0. 02995	65. 327	18. 25374	14. 4017	10. 2349
59. 524	18. 18512	14. 4017	0. 29895	65. 514	18. 00212	14. 0357	10. 15805
59. 711	18. 09362	14. 0357	0. 04276	65. 701	18. 18512	14. 4017	9. 82499
59. 898	17. 13289	14. 4017	0. 2349	65. 888	18. 09362	14. 60299	10. 08119
60. 086	17. 91062	14. 60299	16. 15805	66. 075	17. 13289	14. 4017	10. 22209
60. 273	18. 39098	14. 4017	9. 82499	66. 263	17. 91062	14. 5481	10. 08119
60. 46	17. 9335	14. 5481	6. 08119	66. 45	17. 9335	14. 4749	10. 02995
60. 647	17. 9335	14. 4749	5. 22209	66. 637	18. 27661	14. 2187	10. 29895
60. 834	18. 27661	14. 2187	14. 08119	66. 824	18. 13937	14. 41999	10. 02995
61. 022	18. 13937	14. 41999	7. 18367	67. 011	17. 54463	14. 3285	10. 29895
61. 209	17. 9335	14. 3285	13. 13243	67. 199	17. 13289	14. 71278	10. 04276
61. 396	18. 27661	14. 71278	8. 95309	67. 386	17. 91062	14. 3468	10. 2349
61. 583	18. 13937	14. 3468	11. 09399	67. 573	18. 39098	14. 62129	10. 15805
61. 77	17. 54463	14. 62129	9. 47085	67. 76	17. 9335	14. 5115	9. 82499
61. 957	17. 13289	14. 5115	10. 78119	67. 947	18. 27661	14. 0357	10. 08119
62. 145	17. 91062	14. 0357	8. 02995	68. 134	17. 13289	14. 4017	10. 22209
62. 332	18. 39098	14. 4017	10. 29895	68. 322	17. 91062	14. 60299	10. 08119
62. 519	17. 9335	14. 60299	9. 84276	68. 509	18. 39098	14. 4017	10. 18367
62. 706	18. 27661	14. 4017	10. 2349	68. 696	18. 39098	14. 5481	10. 13243
62. 893	17. 13289	14. 5481	10. 15805	68. 883	18. 59685	14. 4749	9. 95309
63. 081	17. 91062	14. 4749	9. 82499	69. 07	17. 842	14. 3285	10. 09399
63. 268	18. 39098	14. 3285	10. 08119	69. 258	18. 45961	14. 4749	10. 17085
63. 455	18. 39098	14. 71278	10. 22209	69. 445	18. 20799	14. 2187	10. 08119
63. 642	18. 59685	14. 3468	10. 08119	69. 632	17. 9335	14. 41999	10. 02995
63. 829	17. 842	14. 62129	10. 18367	69. 819	18. 27661	14. 52979	10. 29895
64. 016	18. 45961	14. 5115	10. 13243	70. 006	18. 13937	14. 4017	10. 04276
64. 204	18. 20799	14. 0357	9. 95309	70. 193	17. 54463	14. 0357	10. 2349
64. 391	17. 9335	14. 4017	10. 09399	70. 381	18. 00212	14. 4017	10. 15805
64. 578	18. 27661	14. 4749	10. 17085	70. 568	18. 25374	14. 60299	9. 82499
64. 765	18. 13937	14. 2187	10. 02995	70. 755	18. 00212	14. 4017	10. 08119

t/s	波动压力/Mpa			t/s	波动压力/Mpa		
	$T_0=10s$ $T_1=30s$	$T_0=15s$ $T_1=17s$	$T_0=50s$ $T_1=60s$		$T_0=10s$ $T_1=30s$	$T_0=15s$ $T_1=17s$	$T_0=50s$ $T_1=60s$
70.942	18.18512	14.5481	10.22209	75.622	18.59685	14.2187	10.02995
71.129	18.09362	14.4749	10.08119	75.809	17.842	14.41999	10.29895
71.317	17.13289	14.2187	10.18367	75.996	18.45961	14.52979	10.04276
71.504	17.91062	14.41999	10.13243	76.183	18.20799	14.4017	10.2349
71.691	18.39098	14.3285	9.95309	76.37	17.9335	14.0357	10.15805
71.878	17.9335	14.71278	10.09399	76.558	18.27661	14.4017	9.82499
72.065	18.27661	14.3468	10.17085	76.745	18.13937	14.60299	10.08119
72.252	18.13937	14.62129	10.02995	76.932	17.9335	14.4017	10.22209
72.44	17.54463	14.5115	10.29895	77.119	18.27661	14.5481	10.08119
72.627	17.13289	14.0357	10.04276	77.306	18.13937	14.4749	10.18367
72.814	17.91062	14.4017	10.02995	77.494	17.54463	14.2187	10.13243
73.001	17.9335	14.60299	10.29895	77.681	17.13289	14.41999	9.95309
73.188	17.9335	14.4017	10.04276	77.868	17.91062	14.3285	10.09399
73.376	18.27661	14.5481	10.2349	78.055	18.39098	14.71278	10.17085
73.563	18.13937	14.4749	10.15805	78.242	17.9335	14.3468	10.02995
73.75	17.54463	14.3285	9.82499	78.429	18.27661	14.62129	10.29895
73.937	17.13289	14.71278	10.08119	78.617	17.13289	14.5115	10.04276
74.124	17.91062	14.3468	10.22209	78.804	17.91062	14.0357	10.2349
74.311	18.39098	14.62129	10.08119	78.991	18.39098	14.4017	10.15805
74.499	17.9335	14.5115	10.18367	79.178	18.39098	14.60299	9.82499
74.686	18.27661	14.0357	10.13243	79.365	18.59685	14.4017	10.08119
74.873	17.13289	14.4017	9.95309	79.553	17.842	14.5481	10.22209
75.06	17.91062	14.60299	10.09399	79.74	18.45961	14.4749	10.08119
75.247	18.39098	14.4017	10.17085	79.927	18.20799	14.3285	10.02995
75.435	18.39098	14.4749	10.08119	80	17.9335	14.71278	10.29895

附 2.3　气侵量对波动压力滞后的影响

t/s	波动压力/Mpa			t/s	波动压力/Mpa		
	$0m^3/h$	$2.215m^3/h$	$8.236m^3/h$		$0m^3/h$	$2.215m^3/h$	$8.236m^3/h$
0	0	0	0	2.83359	1.22577	0.52753	0
0.01	0	0	0	3.62814	1.56834	0.91425	0
0.80523	0	0	0	4.42219	1.86533	1.16782	0
1.60045	0	0	0	5.21588	2.03389	1.38693	0.3154
2.39568	0.70554	0	0	6.0093	2.15978	1.51099	0.54302

t/s	波动压力/Mpa			t/s	波动压力/Mpa		
	$0m^3/h$	$2.215m^3/h$	$8.236m^3/h$		$0m^3/h$	$2.215m^3/h$	$8.236m^3/h$
6.80253	2.28521	1.60351	0.69052	32.18723	0.22196	0.19945	0.23792
7.59563	2.41017	1.69556	0.81682	32.98219	0.13333	0.16633	0.19878
8.38861	2.49326	1.78715	0.88786	33.77722	0.08894	0.09996	0.15944
9.18148	2.57614	1.84798	0.9406	34.5723	0.08894	0.06669	0.11989
9.97426	2.65883	1.90862	0.99288	35.36742	0.0445	0.06669	0.10004
10.76695	2.74132	1.96905	1.04469	36.16258	0.13333	0.03337	0.06018
11.55956	2.78255	2.02929	1.07901	36.95778	0.13333	0.09996	0.04017
12.35209	2.86475	2.0594	1.11313	37.50838	0.1338	0.09996	0.04017
13.14456	2.90584	2.11935	1.14705	38.05899	0.1338	0.10042	0.02011
13.93697	2.90597	2.14931	1.18078	38.60959	0.13426	0.10042	0.06018
14.72933	2.94702	2.14944	1.19762	39.16019	0.13426	0.10088	0.06018
15.52167	2.90622	2.17937	1.23106	39.7108	0.13472	0.10088	0.06064
16.31399	2.82432	2.14969	1.24777	40.2614	0.13472	0.10134	0.06064
17.10635	2.74219	2.09004	1.2479	40.81201	0.00551	0.10134	0.0611
17.89876	2.61854	2.03017	1.26457	41.36261	0.00551	0.00547	0.0611
18.69128	2.45287	1.93988	1.24815	41.91321	-0.12284	0.00547	0.06155
19.48392	2.28634	1.81872	1.21501	42.46382	-0.12284	-0.08954	0.06155
20.27672	2.11895	1.69669	1.18165	43.01442	-0.12333	-0.08954	0.00539
21.06969	1.9507	1.5738	1.13114	43.56502	-0.12333	-0.09004	0.00539
21.86283	1.78161	1.45006	1.063	44.11563	-0.12381	-0.09004	-0.04998
22.65615	1.61167	1.32547	0.994	44.66623	-0.12381	-0.09053	-0.04998
23.44964	1.48367	1.20003	0.92415	45.21683	-0.12429	-0.09053	-0.05049
24.2433	1.31225	1.1054	0.85344	45.76744	-0.12429	-0.09101	-0.05049
25.0371	1.18314	0.97849	0.78188	46.31804	$-2.28E-05$	-0.09101	-0.05099
25.83106	1.05356	0.88275	0.70947	46.86864	$-2.28E-05$	$-2.63E-05$	-0.05099
26.62515	0.92351	0.78655	0.65462	47.41925	0.12426	$-2.63E-05$	-0.05148
27.41939	0.79298	0.68987	0.58073	47.96985	0.12426	0.09098	-0.05148
28.21374	0.66199	0.59272	0.52478	48.52046	0.12474	0.09098	$-2.70E-05$
29.00823	0.53053	0.49511	0.46834	49.07106	0.12474	0.09146	$-2.70E-05$
29.80283	0.44263	0.39702	0.41144	49.62166	0.12522	0.09146	0.05146
30.59753	0.35452	0.33137	0.35407	50.17227	0.12522	0.09194	0.05146
31.39234	0.2662	0.26551	0.29623	50.72287	0.12569	0.09194	0.09142

续表

t/s	波动压力/Mpa			t/s	波动压力/Mpa		
	$0m^3/h$	$2.215m^3/h$	$8.236m^3/h$		$0m^3/h$	$2.215m^3/h$	$8.236m^3/h$
51.27347	0.12569	0.09242	0.09142	55.6783	-0.11536	-0.08235	-0.08235
51.82408	0.00529	0.09242	0.0919	56.22891	-0.11585	-0.08235	-0.08235
52.37468	0.00529	0.00519	0.00519	56.77951	-0.11585	-0.08285	-0.08285
52.92528	-0.11437	0.00519	0.00519	57.33011	$-2.65E-05$	-0.08285	-0.08285
53.47589	-0.11437	-0.08136	-0.08136	57.88072	$-2.65E-05$	$-2.65E-05$	$-2.65E-05$
54.02649	-0.11487	-0.08136	-0.08136	58.43132	0.11583	$-2.65E-05$	$-2.65E-05$
54.5771	-0.11487	-0.08186	-0.08186	58.98192	0.11583	0.11582	0.11582
55.1277	-0.11536	-0.08186	-0.08186	59.53253	0.11632	0.11632	0.11632

附2.4　5s/5s 两步开度关阀计划阀芯所受瞬变压力

t/s	瞬变压力/Mpa					
	$\theta=2.5°$	$\theta=5.0°$	$\theta=10°$	$\theta=20°$	$\theta=40°$	$\theta=70°$
0	2.7959	2.7959	2.7959	2.7959	2.7959	2.7959
0.111	2.7969	2.7969	2.7968	2.7966	2.7963	2.796
0.221	2.799	2.7989	2.7987	2.798	2.7972	2.7963
0.332	2.8033	2.8029	2.8023	2.8005	2.7987	2.7968
0.443	2.8111	2.8102	2.8086	2.8049	2.8005	2.7972
0.554	2.8258	2.8237	2.8201	2.8122	2.8037	2.7977
0.664	2.8516	2.8469	2.8392	2.8245	2.8086	2.7987
0.775	2.8974	2.8878	2.8724	2.8442	2.8146	2.7994
0.886	2.979	2.958	2.9268	2.8767	2.8245	2.8005
0.997	3.3978	3.1819	3.0229	2.9266	2.8392	2.8023
1.107	3.4497	3.2028	3.0298	2.9302	2.8407	2.8027
1.218	3.4559	3.2059	3.0313	2.9313	2.8417	2.803
1.329	3.4531	3.2047	3.0312	2.9317	2.8426	2.8033
1.44	3.4457	3.1998	3.0289	2.9314	2.8435	2.8037
1.55	3.4189	3.185	3.0226	2.9297	2.8442	2.8042
1.661	3.2638	3.1304	3.0093	2.9262	2.8448	2.8046
1.772	3.243	3.1257	3.0094	2.9268	2.8459	2.8052
1.883	3.2418	3.1257	3.0097	2.9275	2.8471	2.8057

续表

	瞬变压力/Mpa					
t/s	$\theta=2.5°$	$\theta=5.0°$	$\theta=10°$	$\theta=20°$	$\theta=40°$	$\theta=70°$
1.993	3.2341	3.1214	3.008	2.9273	2.8481	2.8064
2.104	3.2197	3.1122	3.0034	2.9262	2.8492	2.8071
2.215	3.1882	3.0921	2.9935	2.923	2.85	2.808
2.326	3.0267	3.0251	2.9747	2.9173	2.8506	2.8088
2.436	3.0046	3.019	2.9748	2.9181	2.8521	2.8093
2.547	3.0082	3.0224	2.9771	2.9196	2.8537	2.81
2.658	3.0111	3.0244	2.9786	2.9206	2.8554	2.8106
2.769	3.0181	3.0279	2.9799	2.9215	2.8571	2.8114
2.879	3.0257	3.0294	2.9795	2.9215	2.8587	2.8122
2.99	3.0576	3.0296	2.9772	2.9207	2.8603	2.813
3.101	3.0619	3.0301	2.9781	2.9216	2.8624	2.814
3.212	3.0622	3.0309	2.9791	2.9227	2.8646	2.8151
3.322	3.06	3.0296	2.9788	2.9231	2.866	2.8163
3.433	3.0556	3.0264	2.977	2.9229	2.867	2.8177
3.544	3.0451	3.0181	2.9721	2.9213	2.8677	2.8193
3.654	2.9831	2.9878	2.9618	2.9179	2.8682	2.8204
3.765	2.9713	2.9842	2.9621	2.9188	2.8695	2.8213
3.876	2.9728	2.9865	2.9644	2.9205	2.8709	2.8224
3.987	2.9752	2.9888	2.9664	2.922	2.8724	2.8235
4.097	2.9801	2.9925	2.9688	2.9235	2.8739	2.8247
4.208	2.9874	2.9965	2.9707	2.9245	2.8754	2.8261
4.319	3.0228	3.0068	2.9727	2.9253	2.8768	2.8275
4.43	3.0305	3.0092	2.9742	2.9266	2.8784	2.8291
4.54	3.0312	3.0101	2.9755	2.928	2.8801	2.8309
4.651	3.0303	3.0098	2.976	2.9289	2.8819	2.8329
4.762	3.0278	3.0082	2.9755	2.9294	2.8837	2.8351
4.873	3.0218	3.0037	2.9728	2.9288	2.8854	2.8374
4.983	2.9846	2.9855	2.9666	2.9269	2.8869	2.8389
5.094	2.9761	2.9831	2.9673	2.9281	2.8891	2.8405
5.205	2.9768	2.9849	2.9696	2.9301	2.8917	2.8423
5.316	2.979	2.9873	2.9721	2.932	2.8943	2.8442
5.426	2.9828	2.9908	2.975	2.934	2.8972	2.8462

t/s	瞬变压力/Mpa					
	$\theta=2.5°$	$\theta=5.0°$	$\theta=10°$	$\theta=20°$	$\theta=40°$	$\theta=70°$
5.537	2.989	2.9956	2.9783	2.9361	2.8995	2.8484
5.648	3.0187	3.008	2.9826	2.9385	2.901	2.8508
5.759	3.0268	3.0116	2.9849	2.9408	2.9025	2.8536
5.869	3.0281	3.0129	2.9867	2.9431	2.9041	2.8566
5.98	3.0279	3.0133	2.9878	2.9451	2.9056	2.8599
6.091	3.0265	3.0127	2.9883	2.9468	2.9071	2.8635
6.202	3.0228	3.01	2.9872	2.9476	2.9086	2.8665
6.312	2.9972	2.9976	2.9834	2.9474	2.9098	2.8688
6.423	2.9907	2.996	2.9847	2.9498	2.9118	2.8712
6.534	2.9913	2.9979	2.9876	2.953	2.914	2.8739
6.645	2.9934	3.0005	2.9907	2.9563	2.9162	2.8767
6.755	2.9967	3.0042	2.9946	2.96	2.9186	2.8797
6.866	3.002	3.0093	2.9991	2.9638	2.921	2.883
6.977	3.0255	3.0221	3.0053	2.968	2.9237	2.8866
7.087	3.0333	3.0268	3.0088	2.9717	2.9264	2.8906
7.198	3.0352	3.0289	3.0117	2.9753	2.9293	2.895
7.309	3.0359	3.0302	3.014	2.9788	2.9322	2.8997
7.42	3.0357	3.0308	3.0159	2.9821	2.9353	2.9049
7.53	3.0338	3.0298	3.0166	2.9849	2.9384	2.9082
7.641	3.0161	3.021	3.0151	2.9869	2.9414	2.9116
7.752	3.0116	3.0206	3.0178	2.9912	2.9453	2.9153
7.863	3.0127	3.0233	3.0222	2.9967	2.9504	2.9192
7.973	3.0153	3.027	3.0272	3.0026	2.9559	2.9234
8.084	3.0188	3.0318	3.0331	3.0092	2.9619	2.9278
8.195	3.0241	3.0382	3.0403	3.0166	2.9685	2.9328
8.306	3.043	3.0519	3.0498	3.0251	2.9759	2.9383
8.416	3.0511	3.0588	3.0566	3.033	2.984	2.9444
8.527	3.0547	3.0633	3.0627	3.0412	2.9927	2.9509
8.638	3.0572	3.0673	3.0689	3.0499	3.0024	2.958
8.749	3.0595	3.0709	3.0751	3.0592	3.0134	2.9664
8.859	3.0607	3.0737	3.0808	3.069	3.0257	2.9778
8.97	3.0506	3.07	3.0851	3.079	3.0396	2.9914

续表

t/s	瞬变压力/Mpa					
	$\theta=2.5°$	$\theta=5.0°$	$\theta=10°$	$\theta=20°$	$\theta=40°$	$\theta=70°$
9.081	3.0502	3.074	3.0945	3.0932	3.0567	3.0077
9.192	3.055	3.0821	3.1072	3.1108	3.077	3.0275
9.302	3.0619	3.0926	3.1228	3.1322	3.1018	3.052
9.413	3.0709	3.1061	3.1425	3.1588	3.1329	3.0833
9.524	3.0832	3.1243	3.1684	3.1932	3.1736	3.1249
9.635	3.1095	3.1552	3.2049	3.2404	3.2299	3.1838
9.745	3.1336	3.1879	3.2506	3.3052	3.3135	3.2752
9.856	3.1652	3.2354	3.3223	3.4118	3.4582	3.4419
9.967	3.2345	3.3431	3.4908	3.6724	3.837	3.9165
10.078	3.3099	3.4681	3.7022	4.0321	4.429	4.7588
10.188	3.2738	3.4174	3.6354	3.9541	4.3535	4.6929
10.299	3.2212	3.3482	3.5512	3.8547	4.2529	4.6026
10.41	3.1688	3.2759	3.4549	3.7321	4.116	4.4693
10.52	3.1049	3.1835	3.3237	3.5542	3.8986	4.2399

附2.5　井筒多相流动波速与压强的关系

p/MPa	波速/(m/s)					
	$\phi=0.005$	$\phi=0.013$	$\phi=0.020$	$\phi=0.050$	$\phi=0.100$	$\phi=0.200$
0.01	44.82218	27.99617	22.7106	14.76574	10.96257	8.49173
0.61	337.9783	215.654	175.7747	114.879	85.40639	66.15931
1.21	460.5641	299.6226	245.3292	161.1507	119.9686	92.9366
1.81	546.1295	361.6306	297.3918	196.3152	146.3417	113.3724
2.41	612.0772	411.9319	340.1708	225.6367	168.4208	130.4839
3.01	665.4548	454.6014	376.9071	251.1785	187.7298	145.4514
3.61	709.9866	491.773	409.2877	274.0072	205.0553	158.8842
4.21	747.9294	524.7375	438.3285	294.7609	220.8669	171.146
4.81	780.7711	554.3503	464.6996	313.8576	235.4717	182.4748
5.41	809.551	581.2142	488.8723	331.5897	249.0841	193.0365

续表

p/MPa	波速/(m/s)					
	$\phi=0.005$	$\phi=0.013$	$\phi=0.020$	$\phi=0.050$	$\phi=0.100$	$\phi=0.200$
6.01	835.026	605.774	511.1931	348.171	261.8607	202.9526
6.61	857.7652	628.3697	531.9268	363.7639	273.9202	212.3148
7.21	878.2077	649.2679	551.2809	378.4954	285.3552	221.195
7.81	896.6991	668.6828	569.4221	392.4667	296.2395	229.6503
8.41	913.5161	686.7894	586.4866	405.7607	306.6331	237.7272
9.01	928.8837	703.7328	602.5876	418.4457	316.586	245.4643
9.61	942.9868	719.6351	617.8206	430.5793	326.1397	252.8939
10.21	955.9793	734.5998	632.2667	442.2104	335.3295	260.0433
10.81	967.9904	748.7161	645.9957	453.381	344.186	266.9361
11.41	979.1296	762.0607	659.0684	464.1276	352.7354	273.5926
12.01	989.4901	774.7008	671.5377	474.4819	361.0006	280.0305
12.61	999.1524	786.6952	683.4503	484.4721	369.0018	286.2656
13.21	1008.186	798.0958	694.8476	494.1229	376.7569	292.3115
13.81	1016.65	808.9487	705.7665	503.4566	384.2818	298.1807
14.41	1024.598	819.2949	716.24	512.4931	391.5907	303.8841
15.01	1032.077	829.1714	726.2978	521.2501	398.6966	309.4317
15.61	1039.127	838.611	735.9667	529.7439	405.6108	314.8324
16.21	1045.784	847.6438	745.2709	537.9893	412.3441	320.0943
16.81	1052.081	856.2966	754.2328	545.9996	418.906	325.2249
17.41	1058.045	864.5941	762.8723	553.787	425.3051	330.2309
18.01	1063.704	872.5586	771.2081	561.363	431.5497	335.1186
18.61	1069.079	880.2105	779.257	568.7378	437.6471	339.8935
19.21	1074.192	887.5686	787.0348	575.9211	443.6041	344.5611
19.81	1079.062	894.65	794.5558	582.9217	449.427	349.1262
20.41	1083.705	901.4705	801.8334	589.7479	455.1218	353.5933
21.01	1088.138	908.0448	808.8799	596.4072	460.6938	357.9666
21.61	1092.373	914.3862	815.7067	602.907	466.1482	362.2501
22.21	1096.424	920.5072	822.3246	609.2537	471.4897	366.4473

p/MPa	波速/(m/s)					
	$\phi=0.005$	$\phi=0.013$	$\phi=0.020$	$\phi=0.050$	$\phi=0.100$	$\phi=0.200$
22.81	1100.303	926.4195	828.7434	615.4537	476.7227	370.5618
23.41	1104.021	932.1337	834.9725	621.5129	481.8515	374.5966
24.01	1107.586	937.6598	841.0206	627.4367	486.8798	378.5549
24.61	1111.009	943.0071	846.8956	633.2302	491.8114	382.4394
25.21	1114.298	948.1843	852.6054	638.8984	496.6498	386.2528
25.81	1117.461	953.1995	858.1569	644.4459	501.3982	389.9976
26.41	1120.503	958.0603	863.557	649.8769	506.0597	393.6762
27.01	1123.434	962.7738	868.8119	655.1957	510.6373	397.2909
27.61	1126.257	967.3467	873.9276	660.406	515.1337	400.8437
28.21	1128.98	971.7853	878.9098	665.5116	519.5514	404.3366
28.81	1131.607	976.0954	883.7637	670.516	523.8931	407.7716
29.41	1134.143	980.2826	888.4943	675.4224	528.161	411.1505
30.01	1136.593	984.352	893.1065	680.2341	532.3575	414.4749
30.61	1138.961	988.3087	897.6046	684.9541	536.4847	417.7467